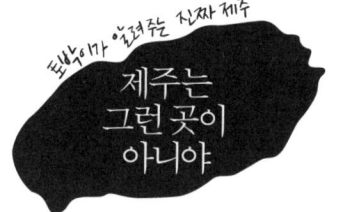

탈나미가 알려주는 진짜 제주

제주는
그런 곳이
아니야

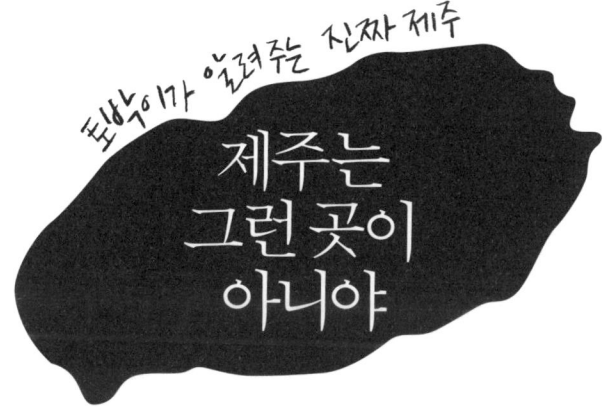

똘학이가 알려주는 진짜 제주

제주는
그런 곳이
아니야

김형훈 글

제주濟州라고 불리는 땅. 한자 그대로 '물을 건너와야 만날 수 있는 고을' 이 맞습니다. 그래서 우스갯소리로 제주를 향해 뜨는 걸 '해외로 간다' 고도 하죠. 그 말은 많은 걸 함축하고 있습니다. 해외는 뭔가요? 해외는 다른 나라잖아요. 어찌 보면 '해외' 라는 의식 속에는 제주도가 다른 지역과는 뭔가 다른 게 있다는 걸 말해줍니다.

맞아요. 제주는 다릅니다. 우선 말이 다릅니다. 다른 지역과는 전혀 다른 말을 쓰는 제주사람들을 자세히 보면 겉모습도 달라 보인다는 느낌이 들 때도 있어요. 제주는 가장 남쪽이지만 겨울철은 춥습니다. 시도 때도 없이 바람이 붑니다. 제주에서 눈을 맞아 보셨나요? 제주사람들은 섬에 살기에 다른 지역을 '육지' 라고 부르죠. 그 육지에서는 눈이 살포시 내리지요. 하지만 제주에서는 눈이 강한 바람에 실려 사방팔방으로 얼굴을 때립니다. 그 눈에 얼굴을 당당히 내밀고 걷는 사람은 찾아보기 힘듭니다.

글쓴이의 고향이 바로 제주도입니다. 원래 제주도 사람은 아니었죠. 유배를 온 관리의 후손입니다. 그런데 살다 보면 다 제주사람이 됩니다. 요즘은 육지에서 많은 이들이 내려오죠. 글쓴이의 조상은 억지로 제주에 끌려왔으나, 최근에 제주에 오는 이들은 스스로 제주사람이 되겠다고 물을 건너옵니다.

제주도만큼 좋은 곳이 있을까요? 제주를 잠시 떠났다가 고향에 들어오면 느낌이 너무 좋아요. 그 느낌을 맞아주는 건 바람입니다. 제주공항에 내린 비행기가 탑승교에 대지 않고, 트랙으로 탑승객들을 내려주는 경우가 있죠. 그때 맞는 바람, 바다의 갯내를 살짝 담은 바람을 맞으면 "아, 내 고향이다."라는 말이 절로 나옵니다.

〈제주는 그런 곳이 아니야〉는 20여 년간 기자생활을 하며 제주 곳곳을 취재하면서 다닌 현장 이야기입니다. 책 제목이 다소 도발적이긴 하지만 그런 이유는 있습니다. 제주는 너무 많은 변화를 요구받고 있습니다. 제주의 이곳저곳을 봐 보세요. 조용한 곳이 있나요? 땅을 파내고, 집을 올리고…. 온갖 개발의 현장이 목도됩니다. 중국자본에 팔린 곳도 많습니다. 제주도 사람이 아닌, 외지인이라고 부르는 이들의 땅이 된 곳은 더더욱 숱합니다. 스스로 제주사람이라고 부르는 이들에게 돌아오는 건 없다는 말입니다. 집값도 오르고, 땅값도 오릅니다. 치솟는 부동산에 어떤 이들은 '이제야 제대로 된 가격이다.' 하는 분들도 있지만, 제주사람들은 걱정이 태산입니다. 무슨 걱정이냐고요? 후손들에게 집을 주고, 땅을 줄 수 있을까라는 걱정입니다. 현재 이 땅을 지키는 제주사람들은 이렇듯 상처를 입고 있어요.

상처가 나면 아물긴 하죠. 그러나 심각한 상처는 내내 후유증을 남깁니다. 제주도라는 땅은 함부로 대해서는 안 되는 땅이라고 봐요. 아주 오랜 기간 제 모습을 지켜왔기에 유네스코도 인정한 보물섬이 되었잖아요. 보물은 잘 간직해야 보물이지, 마구 할퀴면 가치를 잃게 마련이니까요.

글쓴이의 글을 세상에 내놓을 수 있을 것이라고는 생각해 보지 못했습니다. 그러다 우연찮은 기회가 찾아왔네요. 부끄럽지만 책으로 내놓는 이유는 제주를 제대로 보여주려는 겁니다. 왜 제주인지를 제대로 들여다보는 그런 책을 내자며 출판사와 의기투합된 면도 있습니다. 그래서 보잘 것 없는 글을 하나둘 펼쳐봅니다.

낭만을 느끼려 제주에 오는 이들에게, 환상의 섬처럼 여기며 제주에 오는 이들에게, 아니 제주도가 좋아서 정착한 이들에게, 그보다 더 제주도에 오랜 기간 살고 있는 이들에게 제주의 진짜 모습을 알려주고 싶었어요. 제주도는 여러분들이 생각하는 그런 단편만 가지고 있는 곳이 아니라는 사실을요. 그래서 책 제목을 〈제주는 그런 곳이 아니야〉라는 다소 도발적으로 표현한 것입니다.

책을 내면서 제주도를 다시 둘러보는 기회를 가졌습니다. 글을 새로 다듬어야 하고, 사진도 찍어야 하니까요. 그런데 제주도가 너무 많이 변한 겁니다. 자연自然은 한자말 그대로 사람의 힘이 아닌 '있는 그대로' 존재할 때 가치를 발하는데, 글쓴이의 눈에 밟히는 제주는 변해도 너무 변했습니다. 너무 할큄을 당해서 회복 불능인 곳도 있습니다. 이젠 제발 제주도라는 땅을 아프게 하지 말고, 여기에 사는 사람들도 아프게 하지 않았으면 합니다. 이 책은 그런 바람을 담으려 했습니다.

이 책을 세상에 보여줄 수 있도록 해준 일등공신은 뭐니뭐니해도 부모님입니다. 글쓴이가 제주에서 태어나게 해주어 정말 고맙습니다. 평생 고향사랑을 강조해 준 이들이 아버지·어머니였으니까요. 어릴 때부터 고향을 지켜야 한다고 말씀해 주셨습니다. 이제 50이 넘어 그 말씀을 지키게 되었네요.

그런데 이 책은 김유성 선생님이 아니었으면 세상과의 만남을 이룰 수 없었을 겁니다. 나무발전소 김명숙 대표와 연결을 시켜준 분이 김유성 선생님입니다. 하찮은 제 글에 너무 많은 칭찬을 해주시니 얼굴을 들기가 부끄럽네요. 글감 아이디어를 주곤했던 김영훈 형, 못 쓴 글을 잘 다듬어주신 정경임 님에게도 고맙다는 말씀을 전합니다.

이 책엔 제주의 옛 모습을 담은 흑백사진도 있습니다. 책을 위해 반드시 필요한 사진이었죠. 고_故 만농 홍정표 선생님의 사진을 쓸 수 있도록 흔쾌히 허락해 주신 제주대학교박물관, 고_故 평단 김흥인 선생님의 흑백사진도 이 책에 담게 해준 제주시청에 고마움을 표합니다.

마지막으로 책이 나오면 꼭 읽게 하고 싶은 이들이 있습니다. 글쓴이랑 소소재라는 공간에서 살고 있는 사람이죠. 모두 강인한 제주여성입니다. 제 곁을 지키고 늘 응원해 주는 마누라 미영, 두 딸인 미르와 찬이입니다.

2016년 3월

소소재에서

차례

거기, 가봅디가?

사람과 제주

하고 싶은 얘기들

돌, 제주의 미

거무튀튀하고 구멍이
숭숭 뚫린 게 있습니다
그걸 바라보는 이들은
감탄을 쏟아냅니다
예술작품이라고요?

제주사람들,
예술작품을 하려 한 건
아닙니다
살려고 그랬어요
살다 보니
예술작품을 만든
장인들이 되었군요

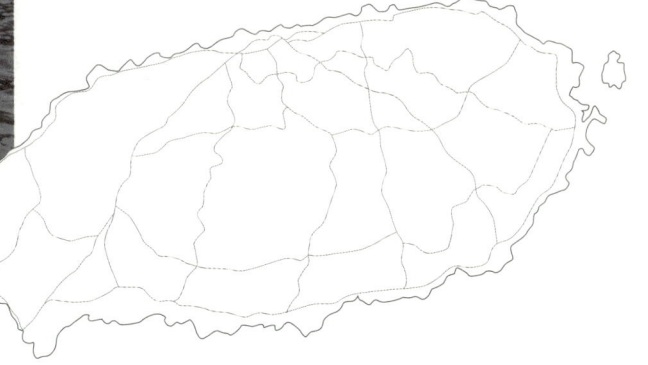

예술이 된 제주인의 죽음

치켜 오른 꼭짓점 처마의 예술성 닮아
죽은 자를 위한 출입문 만드는 정성

산
담

제주인은 돌에서 태어나 돌 속에 묻힌다. 현재 제주를 사는 우리들에게는 그다지 다가오지 않는 이야기이지만 30~40년 전까지는 그러했다. 제주는 온통 돌 세상이었다. 큰 돌을 괴어두고 그 위에 차근차근 정성을 다해 쌓은 골목길(우린 '올레'라 부른다)을 따라가면, 돌로 만든 우리네 집이 존재한다. 우린 거기서 태어났다.

그런 제주인은 죽어서도 돌에 갇힌다. 오름 주변에, 밭 한가운데에 돌로 담을 두른 무덤이 바로 우리가 죽어서 살아야 할 공간이다.

무덤을 만드는 제주인들은 무덤을 단순한 봉분으로 여기지 않았다. 무덤을 만들며 '산을 쓴다'고 표현할 정도로, 죽음은 큰 사건이었다. 그 무덤을 두른 돌담은 그래서 '산담'이라 부른다. 산담은 흔히 네모난 장방형이나 사다리꼴 형태를 띤다. 밭담이나 올렛담은 돌을 하나씩 위로만 쌓는 외겹 형태이지만, 산담은 4~5겹을 두른다.

죽는다는 것, '죽는다'는 그 말에 우린 으레 '결별'이라는 단어를 떠올린다. 그래, 죽으면 세상과의 결별이다. 우리는 그렇게 결별을 꺼내지만 산담은 그렇지 않다. 산담은 죽은 자와 산 자의 결별을 말하지 않는다. 죽은 자의 흔적을 완전히 없앤 곳이 아니라는 뜻이다.

산담

산담의 '신문(神門)'

산담은 형태만 잘 읽으면 비碑가 없더라도 죽은 자의 모습을 찾을 수 있다. 죽었지만 죽지 않은 이가 산담 안에 있다. 산담에 가면 결별이 아닌, 죽은 자와의 만남을 가지게 된다. 바로 산담엔 죽은 자의 출입문이나 있기 때문이다. 출입문은 남녀에 따라 위치가 다르다. 남자인 경우는 왼쪽에, 여자는 오른쪽에 출입문을 만들어뒀다. 출입문 위에는 판석을 서까래처럼 얹어 마치 죽은 자가 자신의 집인 무덤을 드나들도록 배려했다. 출입문이 없는 곳은 발을 디딜 수 있는 계단을 만들어두기도 한다. 그 출입문은 '삶과 죽음은 서로 떨어질 수 없다' 는 제주인 특유의 내세관이다.

그런 산담을 이젠 예술작품이라 칭한다. 산담의 꼭짓점을 잘 보라. 네 꼭짓점의 끝점으로 갈수록 솟아올라 있다. 부드럽게 치켜 올라간 기와집 처마 끝의 모습을 닮았다. 유홍준 교수는 "20세기 최고의 설치미술가인 크리스토(Christo Javacheff, 불가리아 출신의 미국 환경조각가)도 제주의 산담 앞에서는 오금을 펴지 못할 것이다."고 했다. 죽음이 예술이 될 줄이야.

문화란 죽음을 인식한 삶이다. '나도 저렇게 묻혀야 할 텐데…' 라고 생각하며 우리 조상들은 산담을 둘렀던 것이다. 그것도 정성스레. 바로 죽음이 예술이 될 수 있었던 이유다.

지극히 현실적인 행동의 결과물

아주아주 긴, 끝 간 데 없다
검은 물줄기, 누군가 '흑룡만리' 라 하네

밭 담	인간은 죽음을 통해서 삶의 방식을 발견했다. 그건 가장 기초적 건축술인 쌓기를 통해서였다. 아이러니이긴 하지만 죽은 자의 영혼을 영원히 간직해 두기 위해 우리네 먼 조상들은 돌 쌓기에 매달리며 건축을 배워갔다. 그 결과물이 산담이다.

그토록 죽음에 매달린 이유는 어느 시인의 말처럼 죽음은 마침표가 아니라 영원한 쉼표였기에. 돌을 쌓으며 무덤을 만들며 삶의 방식을 체득했으리라.

산담이 죽음을 표현한 극치라면, 밭과 밭 사이의 경계를 나누는 밭담은 현실의 삶을 있는 그대로 보여주는 그야말로 지극히 현실적인 행동의 결과물이다.

산담과 밭담, 각각의 생존방식은 다르다. 산담은 무덤 방식이 변하면서, 또 수많은 사자死者들을 채울 공간이 부족하여 자리를 잃어가고 있다. 그와 달리 흔하게 널린 밭담은 제주에 밭이 있는 한 영원한 삶을 이어갈 유산으로 자리를 차지하고 있다. 밭담이 세계중요농업유산이 된 것도 그와 무관하지 않다.

돌이 많은 곳, 바람이 많은 곳엔 으레 밭담이 존재한다. 제주의 어느 곳

을 가든지 만날 수 있는 풍경이다. 밭담의 생명은 얼마나 될까. 역사는 이렇게 얘기하고 있다. 〈탐라지〉를 들여다보면 13세기 당시 제주판관으로 부임한 김구가 돌을 이용해 밭의 경계를 표시하려고 밭담을 쌓았다고 전한다. 그건 지배를 위해, 지배계층이 그들의 영역을 표시하기 위한 방책이었으리라. 때문에 제주판관 김구 이전에도 밭담은 있어왔던 것이다.

더욱이 제주에는 돌이 널려 있다. 밭을 일구다 보면 나오는 건 돌이다. 캐도 캐도 나오는 게 돌이다. 캐낸 돌이 밭 중심에 놓일 리 없다. 밭가에 놓인 돌들은 자연스레 밭담이 된다. 지배층인 김구가 그런 밭담에 대한 경계를 명확히 해줬다는 게 더 정확한 해석이리라. 때문에 제주는 아주 오래전부터 밭담을 둘러 농사를 지었을 것이다.

밭담은 사람의 손이 덜 가해진다. 올레를 형성하는 담들이야 일부러 다듬어 얼기설기 뒤얽히게 만들지만 밭담은 눈에 보이는 돌을 그냥 그대로 이용한다. 제주시 내도에 있는 밭담은 주위에 있는 돌을 그대로 이용했음을 또렷이 보여준다. 둥근 돌 위에 다시 둥근 돌을 올린다. 두 겹이라면 안정감이 있을 텐데, 한 겹으로 어린애 키의 갑절만큼 쌓는 일은 여간한 기술이 아니면 안 될 듯싶다. 그것도 끝 간 데 없이 이어진다. 중국의 만리장성을 '황룡만리黃龍萬里'라고 한다면, 검은 돌로 끝없이 쌓인 돌담은 '흑룡만리黑龍萬里'라 부를 만하다.

돌, 제주의 미

밧불림
ⓒ만농 홍정표 선생 사진, 제주대학교 박물관

자연석을 얹어놓기만 한 밭담은 손으로 건들기만 해도 맨 땅을 향해 우수수 쓰러질 듯 흔들거린다. 그러나 강한 비바람과 폭풍우에도 끄덕하지 않는다. 돌과 돌 사이의 틈을 메우지 않아서이다. 어른 손이 들어갈 정도로 아주 성긴 곳도 있다.

간혹 TV를 통해 석양에 비치는 농부의 손놀림을 볼 때가 있다. 우리의 눈에 들어오는 농부는 대개 뭍 지역 사람들이다. 그들은 밭담을 알기나 할까. 밭담의 정은 모를 게다. 그들은 밭과 밭 사이를 구분한 두렁을 걸으며 자기 밭으로 간다. 제주인인 우리는? 그렇지 않다. 두렁이 밭을 나누지 않고, 돌담이 밭을 나눈다. 그러기에 돌담 위를 걸을 수는 없는 노릇 아닌가. 그래서 제주인들은 남의 밭을 과감히 가로질러 밭일을 하러 간다. 밭담 때문에 우린 남의 영역을 침범하고도 욕을 먹지 않는다. 그런 침범행위(?)는 용서가 된다. 잘못했다고 빌 필요도 없다. 다 용인된다. 그게 제주인들이다. 우린 밭담에서 억세게 살아온 선인의 삶과 짙게 밴 정을 느낀다.

열리면서도 닫힌 공간 건축의 백미

만남을 이끌어내기도
돌담 사잇길을 걷는 멋을 주기도

옛 놀이터들은 다 어디로 갔나. 거기엔 미끄럼틀도, 시소도 없었다. 단지 아이들의 웃음소리만 가득했을 뿐이다. 늘 위엄을 갖춘 팽나무와 돌담에 기대어 말타기를 즐기는 사내들의 외침, 간혹 리어카와 자전거가 등장하곤 했다. 표준어로 고샅으로 불리는 올레의 흔하디흔한 모습들이었다. 그렇지만 이는 한갓 기억 속의 풍경일 뿐이다. 기억 속에 묻힌 보따리를 훌훌 풀어내지 않는다면 그 풍경들은 이젠 제주 어디에서도 만나지 못하는 옛것이 돼버렸다. 마치 흑백사진의 그것처럼 말이다. 왜 그렇게 됐냐고 말을 할 필요는 없겠다. 모두 잘 먹고 잘살자고 외친 이유 중 하나였다. 단지 그 옛날이 그리울 뿐이다.

도시개발은 어쨌거나 기존의 문화를 살리기보다는 파괴하는 방향으로 틀어졌다. 또한 그렇게 될 수밖에 없던 게 사실이 아닌가. 아우성치며 도시개발을 해달라고 요구한 건 우리였다. 길이 생기면 무조건 좋아라 했다. 그것도 구불구불한 길이 아니라 곧장 뻗은 길을 원했다.

격자형의 도시개발은 필연적으로 기존 마을을 파괴시켰다. 가장 큰 피해를 입은 건 도시개발을 원한 우리였고, 마을 어른이면 누구나 '삼춘'으로 통하던 마을공동체가 파괴되었다. 한참 돌아보고서야 옛 추억이 어린 공동체가 그리워졌으나 되돌릴 수는 없었다. 마을공동체의 근원이던 올레는 개발로 끊어지고 사라지고 난 뒤였다. 현대 도시개발은 아직까지도 공간의 멋이나 운치보다는 효율성을 추구한다. 또한 거기엔 거대함이 뒤따르면서 작고 아름다운 것들의 퇴보를 담보로 하고 있다.

제주도 하면 올레를 떠올리는 사람이 대다수가 아닐까 한다. 그만큼 올레는 많이 알려졌다. 하지만 올레를 제대로 인식하고 있는지 궁금하다. 올레를 안다는 사람들은 그냥 걷는 길로 여기고 있다. 그건 사단법인 제주올레의 역할이 컸다. 그런데 사단법인 제주올레에서 말하는 올레와 필자가 쓰고 있는 올레는 개념이 전혀 다르다. 제주올레는 '걷는 길'을 말하는 브랜드이지만, 올레는 그와는 다르다. 올레는 단순한 길이 아니라, 사람들이 살고 있는 공간이다.

건축은 공간을 다루는 예술이라 한다는데, 이에 비하면 도시개발은 아직 멀었다. 오히려 옛 사람들이 건축 공간을 이해하고 즐길 줄 알았다. 삭막하기만 한 회색빛의 도시와 답답한 벽돌담에 의지하는 사람들은 모른다. 올레는 많이 사라지기는 했으나 한번쯤 올레를 찾아 떠나보라. 돌담 사잇길을 걷는 멋의 여유가 "이것이구나." 하고 느낄 테니까.

올레는 공유 공간이기도 하고 사유 공간이기도 하다. 고샅과는 골목길이라는 점에서 같지만 속성은 다르다. 다른 지방에서 말하는 골목길은

이웃이 함께하는 도로 개념이지만, 올레는 그 같은 공유 개념에다 자신의 집마당에 진입하는 사유 공간을 진입도로로 삼을 때도 포함된다.

제주의 마을공간은 한질(큰길)에서 갈려나온다. 한질에서 뻗어 동네를 이어주는 거릿길, 거릿길에서 올레와 올레를 이어주는 먼올레가 나오며, 공유 공간과 사유 공간이 모두 포함된 올레, 이렇게 세 가지로 나뉜다.

올레는 제주 자연이 만들어낸 산물이라는 점에서 특징이 묻어난다. 바람이 드센 제주이기에 올레라는 공간 건축이 가능했다. 구불구불하기에 강한 바람의 힘을 분산하고, 마당의 먼지날림과 널어놓은 곡식의 흐트러짐도 막을 수 있었다.

게다가 애초에 곧지 못한 올레는 역설적이게도 대문 없는 제주도에서 사생활을 지키는 효과가 있었다. 대문 없는 집을 갖추고도 사생활을 지킨다는 말이 이상하게 들리겠지만, 올레의 능청맞은 구부러짐은 집안을 직접 볼 수 없게끔 시선을 차단하는 효과가 있다.

올레를 얘기하려면 '벽' 도 빼놓아서는 안 되는 단어이다. 벽이란 무엇인가. 무언가를 구분짓고, 닫히게도 하는 역할을 한다. 바로 벽은 공간을 구분하는 대표적인 장치로, '담' 이라는 표현과도 맞닿는다.

일반적인 건축에서 벽이나 담이라는 구분이 있다면, 그 같은 구분된 공간과 공간의 연결고리는 문이 해낸다. 이건 건축의 일반론이며, 제주의 실정과는 다소 거리가 있다. 담이 공간을 확실하게 구분할 때는 눈높이에 비례할 때다. 그러나 올레에서만은 그렇지 않다. 올레의 울담은 안을 바라보고자 하면 언제든지 가능하다. 구멍이 숭숭 뚫린 현무암으로 쌓은 울담 사이로 내부가 보일 듯 안 보일 듯 다가온다. 감추려고 하지만 감춰지지 않는 속성이 올레엔 있다. 올레를 구성하는 울담에 쓰인 돌은 네모반듯하게 가공처리하지 않고 돌과 돌의 친화력을 의지 삼아 쌓아올렸다. 돌담 사이로 드문드문 보이는 풍경 때문에 올레의 돌담은 벽이면서도 담이지만 답답함을 느낄래야 느낄 수 없다.

현대 건축은 사라져가는 올레를 벤치마킹하기도 한다. 현대와 예전의 건축은 다르지만 좋은 공간에 대한 인식은 매한가지여서 그런 모양이다.

올레는 열려 있는 공간이며, 여유를 주는 공간이다. 열려 있다는 의미는 사람과 사람 사이의 모임과 소통을 가능하게 한다는 뜻이며, 올레에서 느끼는 여유는 구불구불한 길을 따라 목적지까지 이르는 여정의 아름다움으로 인식하면 딱 맞다.

건축가들은 스스로가 올레의 의미를 담았다고 말하기도 하고, 그렇게 말하지 않는 건축가들의 작품 속에도 오래전에 체득돼 있던 올레 개념이 작품에 담기기도 한다.

몇 가지 작품을 보자. 과천에 있는 국립현대미술관은 여유롭게 진입하도록 설계돼 있다. 이 작품은 올레를 담았다고는 말하지 않지만 올레에서 느끼는 긴 여정이 그대로 묻어나 있다. 진입로를 빙 돌려 돌아가게 설계한 이유는 건물과 자연을 음미하면서 건축물에 다가서라는 뜻이다.

1990년대 후반 이색교회의 상징처럼 된 강정교회도 그렇다. 필로티(기둥으로 만든 공간)로 구성된 1층은 커뮤니티 장소이며, 이곳에서 호흡을 가다듬은 뒤 본당인 2층으로 향하도록 돼 있다.

올레는 제주도 시골길 곳곳에 숨어 있다. 드러내기 싫어서 누군가 숨긴 것은 아닌지. 개발로 사라지긴 했으나 그래도 어딘가엔 남겨진 게 올레이다. 다 사라진다면? 그때는 제주인의 마음을 헤집으면 되겠지. 그 속에 올레가 있을 테니까. 예전처럼 긴 호흡을 하는 올레를 찾는 일은 쉽지 않겠지만, 공간 건축의 백미를 즐길 이들이라면 올레를 음미해 보라고 하고 싶다.

바다를 품에 안은 검은 돌의 매력

검은 돌을 지고서
바다에 몸을 던졌다
그건 포구였다

바다는 낯설다. 사람이 사는 뭍과는 별개이기 때문이다. 그러나 제주인에게 바다는 이겨내야 할 대상이었다. 살아가기 위해 바다는 반드시 넘어야 하는 거대한 산이었으니까.

바다는 늘 낭만적이란다. 사람 속은 모르고. 옹기종기 모여든 어선들의 모습이 정겹다며 그렇게들 말을 한다. 어선의 집어등이 얼마나 어부들의 피부를 타게 만드는지도 모르고. 남의 속도 모르는 이들은 서로 어깨를 맞대 바다를 응시하곤 한다. 그러다 등대 불빛에 취하기도 한다. 연인들이 그렇다. 등대 불빛에 취한 연인들처럼 정말 바다는 낭만적일까. 제주를 찾는 이들이야 불빛에, 방파제를 넘는 커다란 파도에 온갖 감탄사를 쏟겠지만 정말 그럴까.

낭만? 서정적이면서 감상에 젖는 이들에겐 그럴 수도 있겠다. 하지만 애초 제주 바다는 그것과는 거리를 두고 있다는 사실을 알아줬으면 한다. 제주바다를 두고 낭만을 꺼내기가 쑥스러운 건 뭍 지방과 다른 포구가 있어서다. 그 포구를 알아야 뭍 지방과는 다른 제주바다를 조금이나마 알게 된다.

바다, 그리고 바다를 낀 포구. 멋있게 보이기도 한다. 포구를 한껏 멋있게 만든 이는 시인 곽재구다. 그는 〈포구기행〉이라는 책에서 멋있는 포구 이야기를 일갈하고 있다. 그 때문에 바다가, 포구가 멋들어 보일 수도 있다.

여름이면 우린 바다로, 아니 포구로 나가 하염없이 바다에 취하고 집어등을 밝힌 어선을 바라보는 맛에 산다. 북서풍이 매섭게 부는 겨울이면 방파제를 휘감는 파도에 눈을 던져 겨울바다를 얘기하곤 한다. 그런 바다를 365일 바라보는 제주사람들은 문을 '쾅' 하고 닫아버린다. 특히 북서풍이 사납게 부는 겨울엔 눈에 보이지 않는 포말이 흘러흘러 염탐하듯 집안 곳곳으로 들어온다. 때문에 집안은 얼마나 습한지.

그건 그렇고, 사람들은 제주바다의 속성을 모른다. 낭만적인 포구가 아니라 진정한 의미에서의 포구를 말이다.

제주바다는 화산섬이기에 다르다. 삶을 위해 필요한 포구는 화산섬이라는 특성상 쉽게 만들어질 수 있는 게 아니었다. 제주도의 해안선은 단조롭고 썰물과 밀물의 차이도 크지 않았다. 그런 특징들은 천연적인 포구를 갖추기 어려웠고, 제주사람들이 얼마나 힘을 들여 포구를 만들었는지를 보여준다. 제주인들은 바다를 경영하기 위해 죽음도 불사하며 포구를 만들어갔다. 몸을 던져 숱하게 널린 검은 돌을 등에 지고 날랐다. 담벼락으로, 밭담으로, 혹은 산담으로 쓰였던 돌은 포구를 만드는 데도 쓰였

시흥 포구

집탁개 포구

다. 구멍이 뚫린 그 돌들을 하나둘 옮겨 바다를 채우는 작업부터 제주바다의 경영은 시작됐다. 그러나 산업화는 제주만이 가진 포구의 멋을 앗아가고 있다.

그건 그렇고 제주에서 돌 이야기를 하는 건 당연한 일이다. 전부 돌인데 그걸 말하지 못하면 어찌할꼬. 바다는 심술궂게도 제주도를 육지와 갈라놓았다. 그래서 자연스레 유배의 땅이 되었다. 고전소설 〈배비장전〉에도 제주도는 멀고 먼 곳이면서 가기 힘든 곳임을 일깨우지 않았던가.

　배비장의 어머니는 아들이 제주로 떠난다는 소식을 듣고 "제주는 수로 천리, 육로 천리의 먼 길이니 제발 가지 말라."고 말리기까지 했다. 어머니의 만류에도 불구하고 배비장 일행은 거친 파도를 헤치며 제주에 내린다. 그곳은 제주시 화북이었다. 제주성과 가장 가까웠던 화북포구는 제주성의 관문이었으며, 국문학의 백미였던 〈배비장전〉의 배경이었다. 이렇듯 포구는 세상사람들이 제주와 인연을 맺는 곳이었다.

　제주의 포구는 100여 곳이 넘는다. 자연적으로 생겨난 포구가 아니라 제주사람들이 일일이 손수 만든 포구이기에 거대한 규모가 아니라 소규모로 발달했다. 1개 마을에 여러 개의 포구를 갖추기도 했다. 제주사람들은 포구를 '성창' 혹은 '돈지'라고 불렀다.

바다로 나가기 위해 반드시 필요했던 포구. 그렇다면 제주사람들은 언제부터 바다를 지배했을까. 우리나라 문헌상 제주가 다른 지방과 왕래했다는 기록으로는 〈삼국사기〉 '백제본기'에 등장한다. 백제본기에는 문주왕 2년(476년) 여름에 탐라국에서 토산물을 바치자 왕이 백제의 관직을 줬다고 기록돼 있다. 그러나 백제본기에 등장하는 탐라가 지금의 제주도를 일컫는지에 대해서는 확실하게 '그렇다'고 답할 수 없다. 역사는 실체를 기반으로 만든 학문이다. 좀더 정확한 실체를 찾으려면 문헌 외에도 유적과 유물을 뒤지면 될 터이다.

고고학적 발굴은 기원전부터 제주사람들이 바다를 통해 이동한 사실을 일깨워주고 있다. 그러기 위해서는 바다를 건너야 하고, 그렇다면 응당 배를 댈 포구가 있어야 한다. 제주의 포구가 기원전부터 형성돼 해상을 통한 교류가 있어왔다는 사실을 믿지 못하겠다면 타임머신을 타보라고 권하고 싶다. 아마 그럴 사람은 없겠지. 왜냐하면 오래전부터 바다를 통한 문이 열려 있었다는 건 진실이니까.

대부분의 제주포구는 제주사람들의 땀이 배어 있다. 그런데 자연적으로 생겨난 포구도 있었다. 천연포구인 온평리의 쾌성개다. 쾌성개는 탐라국의 기원과 관련 있는 곳이기도 하다. 탐라국의 세 왕자가 세 공주를 맞은 뜻깊은 곳이기 때문이다. 쾌성개는 인공이 전혀 가미되지 않았다. 자연 그대로의 포구였으며, 1960년대까지도 충청도 선적이 이곳에 배를 대고 뭍으로 해녀(줌녀 혹은 줌수부)들을 실어나르곤 했다.

서귀포의 월평포구도 자연적인 방파제가 갖춰진 곳이다. 관광지로 이름난 이곳은 배를 가둬두기에는 그야말로 안성맞춤이다.

그러나 제주도의 모든 포구가 자연적일 수는 없다. 그러기에 제주포구는 제주사람들의 땀과 흔적, 생명이 밸 수밖에 없다. 오죽했으면 조선시대 사료에는 제주포구의 열악한 입지여건을 거론했을까. 조선 선조 때 김상헌은 〈남사록〉에 "제주의 해변은 바닥이 얕고, 바위는 뾰족해 배를 부수기 일쑤다."라고 표현했다.

김상헌의 기록에서처럼 바위는 뾰족한데, 그런 바위는 포구 축성에 매우 중요하다. 포구 축성은 물속에 잠긴 암초인 '여'를 이용해 만들어진다. '여'는 코지와 달리 바닷물의 드나듦에 따라 모습을 드러냈다가 숨기기도 한다. 썰물 때 '여'가 얼굴을 내밀면 여기에 버팀돌을 쌓고 또 쌓아 포구는 만들어진다. 어쨌든 포구의 입지조건은 '여'와 코지가 필수였다. 지금처럼 거대한 방파제를 만들 여력이 없었기에 천연 방파제 구실을 하는 '여'와 코지가 있는 곳에 포구는 존재했다.

북촌리 도대불

제주에 푹 빠진 이들, 요즘처럼 제주에 빠진 이들이 많은 시절이 있을까 싶다. 제주를 감상하는 이들은 어떤 포구를 찾을까. 거대한 크루즈를 대는 제주항을 찾아서 제주바다를 만끽하는 사람이 있을까? 그렇지는 않을 거다. 아마 자그마한 포구에 눈길이 갈 게 뻔하다. 그래야 제주에 온 맛을 느낄 것 아닌가.

그렇지만 포구는 예전의 모습이 아니다. 배의 규모도 커지고, 그 수도 많아지면서 자그마한 포구는 모습이 바뀌었다. 까만 돌로만 이어졌던 포구에 콘크리트가 덧씌워지거나, 새로운 성창이 만들어지면서 예전의 포구는 가물가물하다. 기억 속의 존재로만 남아 있다. 포구와 함께한 도대불도 흔적으로 언급할 뿐이다. 도대불은 전기가 들어오기 전에 쓰인 등대였다. 현재 남아 있는 도대불은 북촌리의 것이 가장 오래됐다고 한다. 도대불이나 포구를 만든 재료는 검은 제주돌이었다. 제주바다와 가장 잘 어울리는 검은 색감은 세월의 변화로 점점 설 자리를 잃어간다.

조천 포구를 찾은 곽재구는 이렇게 읊었다. "얼마나 많은 사람들이 이 지상에서 아파하고 그리워하고 쓸쓸해하며 이승의 삶을 마쳤을까요. 저기 보이는 저 검은빛의 용암들과 파도들. 어쩌면 지난 천년의 세월 동안 이루지 못한 인간의 꿈과 그리움들의 가슴 먹먹한 빛깔은 아닐는지요."

그만큼 제주바다는 아팠다. 유배지로 더 아팠다.

단순함의 극치, 돌 조각의 으뜸

돌은 사람을 닮았다
그들은 땅 위에 서서
情을 쏟아냈다

돌은 사람을 닮고, 사람은 돌을 닮는다. 돌에서 태어나고 돌과 함께 죽는 제주사람들에게는 더더욱 그렇다. 돌과 인간을 얘기하려니 전남 화순의 운주사를 꺼내지 않을 수 없다. 운주사를 처음 본 건 30년 전이다. 초라한 대웅전을 가진 절이었으나, 글쓴이를 맞은 건 듣기만 했던 '천불천탑' 이었다. 눈에 보이는 것, 발에 걸리는 것 모두가 탑이었고 불상이었다. 지금껏 잘 깎은 불상과 탑신만을 보아왔던 글쓴이에겐 잘 다듬어지지 않은 그들의 못생긴 얼굴은 새로운 문화를 들여다보는 신선한 충격이었다.

운주사는 돌에서 태어난 제주사람에게 돌의 중요성을 알려준 산물에 다름 아니다. 운주사의 '천불천탑' 에 홀린 사람이라면 제주의 동자석에서도 눈을 떼지 못한다. 동자석은 '천불천탑' 에서 나타난 단순미의 극치를 뛰어넘는 무엇인가가 있다.

단순한 선. 대담한 생략. 모든 것의 표현은 얼굴과 손에 집중된다. 그러면서도 동자석은 인간에게 하고 싶은 말들을 다 한다. 더구나 사람들처럼 같은 표정, 같은 몸짓이 없다. 그러니 동자석은 사람이나 마찬가지다. 사람을 닮았기에 보는 사람들의 마음을 흔들 수 있다.

동자석은 그다지 잘생긴 얼굴은 없다. 반면 미운 얼굴을 찾기도 힘들다. 곁에 앉고 싶고, 안기고 싶고, 안아보고 싶은 그런 모습들이다. 동자석이 사람을 닮은 이유는 있다. 무덤 주위의 한자리를 차지한 동자석은 무덤 주인을 표현한 작품이기 때문이다.

'내가 만일 동자석을 세운다면' 이런 질문을 던져본다. 제주 돌이 사람을 닮고, 제주사람 역시 돌을 닮을 수밖에 없다면 내가 세우는 동자석은 나를 닮을 테니까.

그러나 제주사람들은 너무 흔한 것이기에 돌이 인간에게 선물한 것들의 의미를 잊고 산다. 때문에 수많은 동자석은 주인을 떠나 다른 데로 흘러가야만 했다. 석공이 그 사실을 안다면, 무덤의 주인이 그 사실을 안다면 얼마나 애통해할까. 동자석은 무덤 곁에 있을 때라야 존재 가치가 있는데 말이다.

글을 읽는 이들은 "왜? 우리는"이라는 말을 수없이 던지고 있을 것이다. 무슨 말이냐고? 우리 문화에 대한 이야기다. "왜 우리는 그리스·로마와 같은 문화가 없지?"라고 의문을 던진다. 속상할 필요는 없다. 피카소와 몬드리안, 겸재 정선과 이중섭. 뭐가 같고 뭐가 다른가. 걱정할 것 없다. 문화는 그 시대, 그 지역의 산물이지 그걸 가지고 상품의 질이나 가치의 높고 낮음을 논하지 못하기 때문이다.

그런 의미에서 그리스·로마시대 미술을 우리 제주의 미술과 비교해도 되지 않을까. 돌을 던지라면 맞겠다. 그리스·로마시대가 사실적인

구상미술의 극치라면, 제주의 동자석은 구상미술에서 추상미술로 넘어가는 절제와 단순미의 최고봉이다. 비너스상에 비교한다면 동자석은 아름다운 여인상을 사실적으로 나타낸 밀로의 비너스보다는, 단순하면서 힘있는 표현이 뛰어난 빌렌도르프의 비너스를 닮았다.

동자석은 석인(돌사람)이다. 석인은 동자석을 비롯해 문인석·망부석·장승 등으로 표현되는 것들이다. 뭍 지역에도 동자석을 빼닮은 석상들이 있으나 제주에서처럼 대규모로 흩어져 나타나지는 않는다. 봉분 주위에 박혀 있는 동자석은 조상을 숭배한다는 의미에서, 혹은 무덤 수호자로서의 기능을 하기도 하며, 주술 또는 장식적인 기능으로 무덤과 어울려 있다.

어쨌든 무덤의 주인과 함께하는 동자석은 대부분 묘를 향해 서 있거나 마주보고 있다. 동자석은 잘 다듬어진 석인들과 달리 대담한 생략이 돋보인다. 디테일한 멋은 없으나 소박한 멋이 일품인, 무덤에서 피어난 예술작품이다.

예술작품은 크지 않아도 된다. 동자석은 1m도 채 되지 않는다. 간혹 작은 게 싫다며 키다리를 자랑하는 것도 있다. 그래도 커봐야 130cm에 불과하다. 어쨌든 동자석은 작다. 동자석의 공통된 점을 들라면 얼굴 부분이 큰 비중을 차지한다는 사실이다. 그렇지만 닮은 얼굴은 없으며, 머리와 손의 표현도 동자석마다 다르다.

관모를 쓴 동자석이 있는가 하면, 어린애 얼굴을 한 것들도 있다. 불룩 튀어나온 눈, 동전만한 크기의 눈, 한 줄로 얇게 처리한 눈, 눈썹은 있기도 하고 없기도 하다. 두 겹으로 눈을 도드라지게 만든 동자석도 있다. 그야말로 석공의 손놀림에 따라 동자석은 천의 얼굴로 변신한다.

동자석은 다양한 얼굴 모양새와 함께 손을 바라보면 또다른 재미를 느낄 수 있다. 꽃을 들고 있거나 두 손에 술잔을 부여잡은 손, 거울을 든 뭉툭한 손도 있다. 그러나 손마저 생략하고 얼굴만 드러낸 동자석도 간혹 눈에 들어온다.

앞서 죽음을 얘기했다. 하지만 죽음은 죽음이 아니다. 산 자와의 소통이라고 하지 않았나. 동자석은 죽음이면서 산 자와 소통하려는 '산담'이라는 독특한 문화를 잉태한 제주의 돌문화와 연계된다.

예전엔 산담도 널렸고, 거기엔 동자석이 당연히 자리를 틀었다. 그러나 하나둘 동자석을 들고 달아나는 이들이 생겼다. 조상묘에서 동자석을 팔아치운 이들도 있겠으나, 솔직히 제주사람들은 그런 궁리를 하지 못한다.

절도의 대상이 되면서 산담에서 동자석을 보기가 힘들어졌다. 정녕 동자석을 만나고 싶으면 박물관으로 가라고 권하고 싶다. 아니면 제주돌문

화공원이 나을 수도 있겠다. 수많은 동자석이 한데 모여 있으니.

제주돌문화공원을 지키는 백운철 씨는 이렇게 말한다. "동자석은 보석처럼 귀한 것"이라고 말이다. 무덤가에 있으면서 풍상의 세월을 견뎌낸 동자석이야말로 제주인의 정신이 담겨 있다는 말로 들린다.

그리스·로마시대의 조각에 감히(?) 동자석을 대응시켰는데, 그리 해도 모자랄 것 없다. 그런 동자석엔 '민중 조각'이라는 말이 더 어울린다. 비록 질박한 조형미를 보이지만 잘 다듬은 유럽의 조각보다 더 뛰어난 예술작품임을 알아줬으면 한다. 거기엔 돌을 깎는 일을 목숨처럼 여겼고, 지금 이 땅에 없는 제주의 석공들이 만든 작품이기 때문이다.

동자석을 만든 이들, 그들은 예술가 대접을 받지 못했다. 아니, 누가 만들었는지도 모른다. 그리고 보면 서양이 희한하긴 하다. 기원전 510년에 조각된 '폭군 살해자'라는 동상을 만든 주인공이 조각가 안테로느라니 말이다. 기록을 잘 해서이기도 하겠으나 예술품의 존재 가치를 일찍 깨달았기에 조각가의 이름을 지금까지도 알려주고 있다. 그렇다고 동자석을 만든 석공을 모르는 게 섭섭한 일은 아니다. 누가 만들었는지는 알 길이 없지만 지금이라도 그들에게 피카소 이상의 예술가라는 칭호를 주면 되니까 말이다.

죽지 않기 위한 제주인의 몸부림

권위적 요소는 없고
단순히 적을 막기 위한
수단이었을 뿐

제주시 화북 환해장성

제주에는 돌이 있다. 그것도 검고 구멍이 숭숭 뚫린 돌이 널려 있다. 바닷가로부터 마을을 지나 한라산까지 끝도 없이 존재하는 돌들은 이리저리 굴러다니기도, 한곳에 자리를 트고 웅크려 있기도 하지만 늘 우리와 함께하고, 함께해야 할 벗이었다. 그래서 그 돌은 제주의 상징이 됐고, 제주 역시 그 돌을 벗어나서는 얘기하지 못한다.

산담이 있었고, 밭담도 그렇고, 사생활을 지키려는 올레도 있다. 제주를 왔다간 사람들은 그 돌에 푹 빠져버린다. 돌에 환장을 해버린다. 그래서 제주에 몰려오는지도 모르겠다. 그들은 산에서도 놀라고, 밭에서도 놀란다. 어떻게 그 많은 돌이 뛰쳐나와 마치 생명체처럼 꿈틀거리는지는 모른 채 색다른 풍경 자체에 감탄사를 내보낸다. 그러나 감탄사만 던지다간 제주를 다 보지 못한다. 아파야만 했던 제주인들의 숨소리도 듣고 볼 줄 알아야 한다.

눈에 잘 띄지 않는 곳에 있는, 바닷가를 빙 둘러선 돌무더기인 환해장성을 찾아보자. 지금은 파괴절차가 다 진행된 상태여서 얼마 남아 있지 않고, 혹은 밭담을 닮은 존재로 치부되기도 하지만 애초엔 제주 바닷가 300리를 휘감던 건축물이었다.

멋있지만 멋있다고 불러도 좋을까. 멋있다고 부르면 환해장성이 좋아하려나? 환해장성엔 남모를 아픔이 숨겨 있기에 어쩐지 멋있다는 표현이 어색하다. 성城이란 무엇인가. 적과의 대치를 위해 필요한 군사 방어시설이지 않는가. 우린 살기 위해 돌을 나르며 이것저것을 만들었다면, 환해장성은 죽지 않으려 몸부림친 결과물이었다. 환해장성은 밭담이나 올렛담처럼 경계를 나누기 위한 작업도, 바람을 이기려 한 것도 결코 아니었기 때문이다.

꼿꼿이 바다를 응시하는 환해장성은 이렇게 들려준다. "그대들 할아버지 · 할머니들의 가슴 저민 숨소리가 내 품에 있다."라고.

김상헌은 〈남사록〉에서 환해장성을 이렇게 묘사하고 있다. "바닷가 일대는 돌로 성을 쌓았는데, 연달아 이어지며 끊어지지 않는다. 섬을 돌아가며 곳곳이 다 그러하다. 이것은 탐라 때 쌓은 만리장성이라고 한다."

김상헌이 살았던 17세기엔 제주 해안가 곳곳이 환해장성으로 둘러 있었다. 하지만 지금은 제주시 화북, 애월, 행원, 한동 등 10곳 가량만이 당시 성이 존재했음을 흔적으로만 말한다.

김상헌은 누구에게서 들었는지 모르지만 환해장성이 탐라 때 것이라

했다. 이원진이 쓴 〈탐라지〉 '고장성古長城' 조에는 삼별초가 제주에 진입하는 것을 막기 위해 쌓았다고 한다. 〈탐라기년〉에는 헌종 11년(1854) 영국 선박이 1개월 동안 우도 연안의 수심을 측정하자 권직 목사가 크게 놀라 그해 겨울 도민을 총동원해 환해장성을 쌓았다고 한다. 지금 남아 있는 환해장성의 흔적들은 헌종 때 만들어진 자취임이 분명하다.

하지만 삼별초의 진입을 막기 위해 환해장성을 처음으로 쌓은 건 아니다. 김상헌의 말처럼 오래전(탐라)부터 바다를 두르는 성은 있어왔다. 탐라국을 지키던 제주인들이 제주성을 만들었듯, 지배층에 의한 축성 작업은 바다라고 없진 않았다. 더욱이 제주도엔 외세 침입이 늘 있어왔기에 죽지 않기 위해 해야 했던 일은 성을 쌓는 것이었다. 무너지면 쌓고, 또다시 무너지면 쌓아 올리는 일을 해오며 우리는 제주라는 섬을 지켜왔다. 그래서 지금을 사는 이들은 멋진 제주도를 감상하는 행복을 누리는 것이다.

성은 아무렇게나 지어지는 것도 아니고, 성격이 모두 똑같지도 않다. 읍성과 진성이 통치를 위한 권위적인 요소와 행정적 편의를 갖춘 성이라면, 환해장성은 행정적인 목적은 전혀 없는 단순히 적을 막기 위한 군사적 목적만이 있는 성이다.

성을 쌓는 방법도 다르다. 읍성과 진성을 쌓는 데는 인공미가 가미된다. 돌을 잘 가다듬어 쌓기에, 쌓는다는 의미보다는 붙인다는 의미가 더 맞을 듯하다.

환해장성은 그렇지 않다. 거기엔 인공미란 애초에 없다. 주변에 널린 자연석을 엇갈려가며 만든 허튼층쌓기 방식이었다. 돌의 크기는 일반적으로 성 아래쪽이 크며, 위로 갈수록 작아진다. 단순하게 안쪽과 바깥쪽을 돌로만 쌓는 것도 아니었다. 여장女墻이라고 부르는 성가퀴를 만들기도 했다. 성가퀴는 적의 침입을 효과적으로 관측하고, 몸을 숨겨 적을 공격할 수 있도록 성 위에 덧쌓은 낮은 담이다.

환해장성은 밀물 때면 바닷물이 닿기도 할 정도로 바다와 바짝 붙어 있다. 그러나 잇따른 개발로 환해장성은 온전히 보전되지 못했다. 제주 바다를 빙 둘러 관광자원으로 활용하겠다는 원대한 해안도로 개발로 인해 환해장성은 온데간데없이 사라져갔다. 비지정문화재로 수모를 겪던 환해장성은 1998년에야 제주도기념물 제49호로 지정돼 보호되고 있을 뿐이다.

환해장성이 위치한 곳은 으레 군사시설이 웅크리고 앉았다. 그런 곳에 있는 환해장성은 현대의 전투 배치용 참호로 둔갑, 환해장성의 원형이

어떤 것인지를 헷갈리게 만들고 있다.

　파괴는 그뿐만이 아니다. 해안도로 개발에 따른 1차 파괴에 이어, 또 다른 파괴를 당하고 있다. 복원이라는 문화재정책이 바로 그것이다. 복원은 사실에 바탕을 둬야 하지만 그렇지 않다는 점이 문제다.

　복원된 환해장성은 제주시 화북동 등지에서 볼 수 있다. 아주 늠름한 모습으로 복원됐다며 자신감을 드러내고 있다. 그러나 복원된 환해장성은 자연석을 잘 다듬어 쌓았고, 돌의 크기도 위아래 제멋대로 갖다 붙였다. 원래 환해장성은 그 지역 바닷가에서 나온 돌을 그냥 쌓아 올렸는데, 새로 쌓은 환해장성은 그 지역에서 나는 돌이 아니라 다른 지역의 돌을 옮겨다 쌓기도 했다. 그리고 얼마나 잘 다듬었는지, 너무 잘 다듬어서 환해장성이 아니라 새로운 진성眞城인 듯 착각하게 만든다.

　그런 곳에 가걸랑 "아! 문화재 파괴라는 게 이런 것이구나."라고 읊으면 된다. 더군다나 제주시 화북동 환해장성은 제주올레 18코스의 일부이다. 올레꾼들은 걸으며 단순히 "이게 환해장성이다."고 바라보지만 말고 "그렇지, 아주 잘못된 문화재 복원 현장을 지나고 있어." 이렇게 생각하라.

"내가 바로 지킴이지"

돌을 다듬고 쌓는 행위는
과거, 현재, 미래도 계속될
영속적인 것

퉁방울 같은 눈, 주먹 같은 코. 못생긴 것 같으면서도 그렇지 않고, 무서운 것 같으면서도 그렇지 않으니 참 이상하다. 잡귀를 물린다는 장승의 겉모습은 무섭고도 못생겼다. 그러나 그렇지 않은 건 우리의 모습이기 때문이다.

민속학자 장주근은 장승에 이런 말을 붙였다. "장승의 조각에는 마을을 침범하려는 잡귀들이 장승의 무서운 얼굴을 보는 순간 질겁을 하고 도망치지 않을 수가 없는 그런 무서운 얼굴을 새겨야겠다는 통념은 있다. 그러나 한국 사람들에게 그렇게 매섭거나 야무진 마음씨는 없다. 그래서 눈을 부라리고 눈썹을 추어올려도 푸근한 표정이 되어버린다."

제주의 표상이 되다시피 한 돌하르방도 매한가지다. 일종의 장승인 돌하르방의 모습도 여느 장승과 다르지 않다. 고유섭이 우리 옛 미술을 얘기한 그대로의 모습이 돌하르방에 담겨 있다. 그건 '무기교의 기교이며, 무계획의 계획'이다. 옛 사람들에게 미술은 생활이었고, 생활은 곧 신앙이었다. 그래서 기교를 부리지 않은 듯 표현한 것들이 현재의 우리가 보기엔 최상의 미술품이 되었다.

돌하르방은 어느 한 부위를 부각시키지만 지방마다 표현하는 양식에서 차이를 보인다. 어느 부분을 특이하게 만든 이유는 억지가 아닌 그야말로 '무계획의 계획' 이기 때문이다. 그건 "돌하르방은 이런 것이다."는 명제가 있었던 게 아니라 지방의 이야기가 다르고, 장인이 다르기에 저마다의 색깔을 하고 있다.

헌데 궁금한 게 있다. 왜 제주에는 뭍 지역에서 보이는 나무로 된 장승은 없는 것일까. 답은 간단하다. 제주에는 돌이 많기 때문이다. 그래도 의문은 가시지 않는다. 그러면 돌로 된 장승은 제주에만 있을까. 그건 아니다. 돌로 된 장승은 어디에나 있다. 다만 제주에는 나무로 된 장승이 없을 뿐이다. 중부지방 북쪽으로는 나무로 된 장승 비율이 많으며, 남쪽으로 내려올수록 돌을 깎아 만든 장승 비율이 높다.

유독 돌이 많은 제주도라서 마을 사람들은 돌을 다듬거나 쌓곤 했다. 돌을 다듬으면 장승이 되고, 돌을 쌓으면 솟대가 되는 것이다. 제주사람들은 나서 죽을 때까지 돌의 곁을 떠나지 못한다. 굽이 감은 올레에서 태어난 우리들은 죽어서도 산담에 둘렸으니, 살아 있을 땐 돌과의 부대낌이 더하면 더했지 덜하진 않았다.

돌하르방을 표현한 사료로 김석익의 〈탐라기년〉이 있다. 여기엔 "목사 김몽규가 성문 밖에 옹중석(돌하르방)을 세웠다."고 기록돼 있다. 당시는 조선 영조 30년(1754)이었다. 하지만 돌하르방이 그 시점에 세워졌다

정의현(현재 성읍) 돌하르방

대정현(현재 대정읍) 돌하르방

제주시 관덕정 앞에 서 있는 제주목 돌하르방

고 보기는 힘들다. 돌하르방은 방사탑과 아울러 오래전부터 민간에서 전해져온 마을의 지킴이였을 가능성이 높다. 그건 지방마다 생김새나 크기가 다르다는 점에서 충분히 납득이 간다.

예전에 만들어진 돌하르방은 45기가 전해져 내려온다. 1목 2현(제주목, 대정현, 정의현)의 성문 밖에 세워졌다는 돌하르방은 지역별로 특색이 있다. 벙거지를 쓴 모습만 한가지일 뿐 서로 다른 특징을 지닌다.

제주시(옛 제주목)의 돌하르방은 다른 곳에 비해 크며 잘 다듬어져 있다. 눈은 불룩 튀어나오게 새겼고, 코는 뭉툭하다. 생김새로 봤을 때는 재료만 돌이었지, 나무로 만든 뭍 지역의 장승을 빼닮았다. 손도 뚜렷하고, 이마에 깊게 팬 주름이 정말 영락없는 할아버지다.

성읍(옛 정의현)의 돌하르방은 오뚝한 콧날이 특징이다. 손은 손가락을 새기기보다는 형태만 취하고 있는 것들이 많다. 눈도 징으로 살짝 파내기만 했다.

대정(옛 대정현)으로 가면 올망졸망한 돌하르방을 만나게 된다. 제주시와 달리 위엄은 온데간데없고, 귀엽기까지 하다. 귀는 반달형으로 만들어 도드라지게 표현했고, 눈 주위는 테를 둘러 친근함을 더했다.

돌하르방을 수십 년간 만들어온 장인匠人 장공익 씨에게 "어느 지역의 돌하르방이 으뜸이냐?"고 물었더니, 어느 한쪽에 손을 들질 않았다. 그는 돌하르방에 대해 이런 말을 했다. "망치질이 덜 가도 안 되고, 더 가도 안 되지. 그게 제주 돌하르방의 깊은 맛이야."

어떤 이들은 몽골의 석인상과 제주도 돌하르방의 연관성을 강조하곤 한다. 왜냐하면 닮은 구석이 많기 때문이다. 그러나 닮은 점에서는 제주의 돌하르방이나 전북 남원시 실상사의 석장승도 마찬가지다. 목장승의 생김새도 돌하르방과 다를 건 없다. 일방적인 문화전달은 있을 수 없다.

그렇다면 장승과 솟대는 왜 만들었을까. 언제부터 있었을까. 이에 대해 확실한 답을 말할 사람은 없다. 다만 아주 오래전부터 존재했다는 믿음은 있다.

그래, 아주 오래전이다. 아주 오래전 돌을 세운 이들이 있다. 신석기와 청동기 시절, 그때 사람들은 선돌이라는 상징물을 세웠다. 지금에 와서는 거석문화로 불리는 선돌은 어떤 믿음의 대상물이었다. 그런 선돌은 세월을 거치며 돌하르방과 같은 장승이 되거나, 돌탑과 미륵으로 새로 태어났다.

솟대 신앙도 함께 이뤄졌다. 솟대는 새를 장대나 돌기둥 위에 앉힌 마

방사탑

방사탑 모양을 본뜬 제주시 탑동에 위치한 해변공연장

을의 신앙 대상물이다. 중부지방 북쪽으로는 나무를 주재료로 솟대를 만들었지만, 남부지방으로 내려올수록 솟대의 새는 나무가 아닌 돌로 만들었다. 제주에서는 탑 위에 솟대를 얹어놓은 복합적 형태로 존재한다. 그건 바로 방사탑이다. 제주의 방사탑은 육지의 솟대가 갖는 농경의 의미보다는 나쁜 것을 막는 '액막이' 기능이 강하다.

방사탑은 거욱, 거욱대 등의 이름으로 불리고 있다. 방사탑은 풍수지리설에 따라 기가 허(虛)하다고 믿는 곳에 세운다. 방사탑의 정상부에는 선돌(탑윗돌)을 세우는데, 새의 형상도 있고 석인상이 들어서기도 한다.

시간은 변한다. 시간이 변하면 역사도 변하게 마련이다. 그러나 사람의 속은 그렇지 않은 모양이다. 돌하르방과 방사탑이 원래 갖고 있는 기능들은 지금을 사는 사람들에게도 이어지고 있다.

돌하르방은 제주도 내 웬만한 초등학교라면 정문에서 볼 수 있을 정도로 흔하다. 하지만 그냥 세우는 것은 아니다. 거기에 의미를 부여한다. 어린이들이 아무런 사고 없이 학교에 오갈 수 있게 해달라고 기원하는 것이다.

방사탑도 더이상 세워질 이유는 없지만 돌하르방과 마찬가지로 상징물 역할을 한다. 역시 방사탑 본래의 의미를 담는다. 신산공원에 세워진 방사탑은 '4·3 해원방사탑'이라는 이름을 지니고 있다. 1998년에 세운 이 탑은 수많은 사람의 목숨을 앗아간 제주4·3으로 인한 대규모 인적·물적 피해와 공동체 파괴 등 무형의 피해를 재앙으로 보고, 이를 극복하려는 염원을 담아 세워졌다.

탑동에 있는 해변공연장도 방사탑을 본떴는데 정상 부분에 새의 형상을 한 돌을 북서쪽으로 틀어, 마魔를 막고 있다.

돌을 다듬고 쌓는 행위는 영속적이다. 새로 만들어지는 돌하르방이나 방사탑에서 보듯 의미도 옛 것과 크게 다르지 않다. 그건 수천 년을 이어 온 사람들의 속마음이 변치 않기 때문은 아닐는지.

냅둬요, 지금 이대로

제주의 풍광
어디를 1위라고
그걸 순위로 매길 수는 없겠죠
사람마다 좋아하는 풍광은 다릅니다
여기에 담은 제주의 풍광은
극히 주관적이지만
제주 어디에서나 맛볼 수 있는 풍광은 아니랍니다
그걸 비경(秘境)이라 하죠
그런데 그 비경이 이젠 슬퍼하네요
제 얼굴을 잃고 있어요

신흥리 오탑

신지방 코지

질지슴
(용문덕)
대평리   예래동 갯깍
하예포구   강정포구 썩은섬

제주를 알고 싶을 때 들르는 곳

바다 위에 둥둥
방사탑이 떠 있네

신 홍 리
오 탑

조천읍 신흥리엔 가슴 아픈 전설이 흐른다. 이곳 노인들은 어린 시절부터 들어온 신흥리의 이야기를 가슴속 깊은 곳에서 꺼내줬다. 현용준이 펴낸 〈제주도 전설〉에도, 신흥리 마을지에도 없는 옛이야기다.

신흥마을이 생긴 뒤다. 왜구들이 들락날락했다. 오죽하면 신흥리의 옛 이름이 왜포倭浦일까. 주민들은 풍족하지 못한 삶 때문에 바다에 나가 파래, 톳 등을 캐며 생계를 이어갔다. 어느날 한 왜인이 '멜을 거리러' (표준어로 옮기면 '멸치를 뜨러') 바다로 나온 박씨를 겁탈하려 든다. 그러자 박씨는 도망치다 볼래낭(표준어로 보리수나무) 밑에서 죽고 만다.

주민들은 박씨를 위해 그 자리에 당을 만들어 모시고 있다. 그곳이 볼래낭할망당이다. 박씨는 아기를 낳지 못하고 저세상 사람이 됐고, 주민들은 양자를 들여 신흥동 산밭에 하르방당도 세웠다.

볼래낭할망당에는 신흥리 주민들, 곧 민중이 사실이라고 믿는 전설의 개념이 녹아 있다. 그들은 전설이 진실하다고 믿고 있기 때문이다.

제주는 이런 전설이 많다. 전설은 어쩌면 꿈이고, 제주도는 그런 꿈이 어린 섬이다. 신흥리 전설도 그 꿈의 일부다.

여행을 즐기는 이들은 길 위에 너부러진 정체성을 찾으려 무척이나 애

볼래낭할망당

해신당

를 쓴다. 제주여행을 다니는 이들도 그러지 않을까. 사실 여행은 그래야
한다. 여행을 제대로 즐기려면 그 지역의 정체성을 알려는 노력이 먼저
여야 한다. 김승옥의 〈무진기행〉에서 주인공이 무진을 그토록 찾는 이유
도 바로 자신에 대한 정체성 때문이었다.

신흥리를 가보자. 아무렇지 않게 그냥 스쳐가는 곳으로만 안다면 탄식
을 할지도 모른다. 〈무진기행〉에서 말했듯 자신을 알고자 할 때, 제주를
알고 싶을 때 들러야 하는 곳이 바로 신흥리다.

방사탑이 바닷물 속에 잠겼다가 얼굴을 내미는 모습이나, 바닷물이 빠
질 때 드러내는 모래사장은 그야말로 장관이다. 지금은 파래더미가 쌓여
눈살을 찌푸리게 하지만.

신흥리는 하늘에서 보면 더 멋을 드러낸다. 그래서인지 몰라도 하늘
위에서 신흥리를 바라본 어떤 미국인이 마을 전체를 사겠다고 할 정도였
다. 그만큼 매혹이 넘치는 곳이다. 하지만 현재는 해안도로가 생기면서
애초의 모습은 많이 사라졌다. 그럼에도 여기를 들러보라 권하고 싶다.
가만히 바다만 응시해도 좋다.

신흥리 바닷가는 U자 형태다. U자의 움푹 들어간 곳을 신흥리 사람들

은 큰개라고 부른다. 더욱이 이곳엔 방사탑이 있어 눈길을 끈다. U자의 시작점과 끝점에 방사탑이 1기 있으며, 움푹 들어간 곳에 방사탑이 3기가 있다. 특히 큰개 안에 있는 방사탑 3기는 바닷물의 듦과 나감에 따라 느낌을 달리 한다. 바닷물이 빠져나가면 뭍의 여느 방사탑과 다름없지만 바닷물이 들어차 방사탑을 반쯤 삼키면 영락없는 섬이 되고 만다. 물때를 잘 골라 찾아간다면 서로 다른 느낌이 든다. 그러니 두 번은 들러야 제멋을 알 수 있다.

옛 어른들은 이곳 방사탑이 모두 5기여서 '오탑'이라고 불렀다. U자의 시작점에 있는 오다리탑(오래탑)과 큰개 안에 있는 큰개탑(생이탑)은 예전 그대로이며, 나머지 3기는 세워진 지 얼마 되지 않았다.

방사탑을 세운 이유는 이곳 바닷가가 게의 집게다리 형상이어서 물지 못하도록 탑을 쌓아서 막았다고 한다. 방사탑은 나쁜 기운을 막으려고 세우거나, 기가 부족한 곳에 등장하는 제주의 돌 문화다. 풍수지리라는 요소가 여기에 담겨 있으나 여행객들의 발을 묶어놓는 볼거리로는 제격이다.

볼래낭할망당이 바로 이 큰개를 가로지르는 해안도로 남쪽에 자리해 있다. 할망이 남자에게 수모를 당했기 때문에 남자 심방(무당의 제주말)도 그 안에는 들어가지 못한다고 한다. 말 그대로 볼래낭할망당은 '금남지역'이다. 그러나 이 할망은 신흥리 주민들에게는 마을을 지켜주는 수호신 역할을 한다. 재일동포들도 고향을 찾을 때면 할망에게 알리고, 고기 잡으러 배를 바다에 내보내기 전에도 반드시 들르는 곳이다.

일제 당시 일본인들이 미신을 타파한다며 신흥동 산밭에 있던 하르방당을 없앴으나, 지금은 하르방을 이곳 할망당에 같이 모시고 있다.

U자 형태로 푹 들어간 바다는 잔잔하지만 좀더 바다로 더 나가면 상황이 달라진다. 시인 허형만이 "파도를 보면 내 안에 불이 붙는다."고 하지 않았던가. 그 기분을 느끼고 싶다면 관곶으로 가면 된다. 오다리탑이 있는 오다리코지에서 서쪽으로 난 길을 따라가면 환해장성이 있고, 길이 끝나는 지점이 '제주의 울돌목'이라 불릴 정도로 물살이 센 관곶이다.

관곶은 조천관(조선시대 중앙관리들이 머물던 객사)이 있었던 때에 생긴 지명이다. 조천관이 조천포구로 가는 길목에 있기에 관곶이라 부른다. 관곶은 독사 머리처럼 불쑥 솟아나 있으며, 제주에서는 해남 땅끝과 가장 가까운 곳이라고 한다. 이곳은 지나가던 배도 뒤집어질 정도로 파도가 거세다. 이곳의 거센 물살을 바라보면 시인이 말한 '내 몸에 불이 붙는 심정'을 이해할 만하다.

말 승선
ⓒ만농 홍정표 선생 사진, 제주대학교 박물관

제주도를 한 바퀴 빙~ 돌며 만들어놓은 해안도로. 도로가 나지 않은 해안이 거의 없을 정도가 됐다. 이처럼 제주도를 둘러싼 해안도로는 많은 볼거리를 제공하지만 그 반대로 많은 것들을 세상에서 사라지게 한다.

신흥리의 큰 포구도 해안도로 때문에 사라졌다. 볼래낭할망당에서 동쪽으로 가면 이곳 주민들이 '엉알'이라고 부르는 포구가 나온다. 30~40톤에 달하는 배도 이곳에 댔으며, 전남 강진에서 옹기를 실은 배가 오가기도 했다. 그러나 해안도로가 개통되면서 계곡을 방불케 하던 옛 포구는 영원히 사라졌다. '비배기사막'이라 부르는 모래동산도 양어장이 들면서 사라졌고, 거대한 환해장성도 볼품없는 밭담으로 변하고 말았다.

서불이 왔다는 설화를 간직한 땅

그대 죽지 않으려 욕심 갖나
박수 해안 눈에 들면
불사不死는 한갓 꿈

공자는 이렇게 말했다. "지혜로운 자는 물을 즐기고, 어진 자는 산을 즐긴다." 학창 시절 누구나 한번쯤은 들어본 말이다. 공자의 이 말을 찬찬히 들여다보면 여행의 참의미를 읽을 수 있다. 공자가 말한 '요수樂水'하고 '요산樂山'하려면 어떻게 해야 하나. 자연을 사랑하고 그 속에서 진실을 찾으라는 말인데, 그러려면 당연히 자연을 직접 둘러보는 것이 우선일 수밖에 없다.

요산요수하는 심정으로 발길을 옮기자. 이왕 공자 얘기를 꺼낸 김에 중국과 인연이 있는 마을을 찾아간다.

진시황은 불로초를 찾으러 서불 일행을 우리나라로 보낸다. 서불 일행은 진시황의 욕심만큼이나 우리나라 산하 여러 곳에 흔적을 남겼다. 여수시 연도와 통영시 소매물도에 그들이 거쳐 갔음을 알리는 글을 남겼다고 한다.

제주에도 불로초 이야기는 마치 사실인 것처럼 전해진다. 정방폭포에 서불 일행이 지나가면서 '서씨과처徐氏過處'라는 글을 절벽에 새겼다고 한다. 서불의 설화는 그것으로 끝나지 않는다. 서귀포시 안덕면 대평리에도 서불 일행의 역사가 흐르고 있다.

대평리의 서불 이야기는 물론 중국과의 인연이 깊다. 이곳 포구를 당캐 唐浦라고 부르는 이유 또한 중국과의 왕래가 있었음을 짐작케 한다.

대평리는 중국과의 만남이 서려 있는 곳만큼이나 낯선 이방인 그대로다. 제주에 있으면서도 제주답지 않은 고을이라면 너무 과장됨일까. 한국의 산야는 곳곳에 골짜기를 만들고, 그 골짜기를 따라 마을을 이룬다. 굽이굽이 산을 휘감아 내려가는 도로를 골짜기가 벗삼는 그 맛이 뭍 지방을 여행할 때 나그네들에게 주는 하나의 매력이다. 그런 기분을 대평리에서 느끼게 된다. 아니, 제주에서는 느끼지 못하는 새로움이다.

대평리는 한라산, 가파도, 마라도, 형제섬 등이 가까이 존재하는 곳이다. "진짜?" 이렇게 물으면 그 이유를 난 이렇게 답한다. "방금 얘기한 곳들이 한눈에 들어오는 곳이야." 병풍절벽 동쪽에 있는 언덕에서 바닷가를 볼 때는 선경 仙境이 따로 없다. 아쉽다면 경치를 즐기기에 빼어난 바닷가 토지는 외지인이 대부분 차지했다는 점이다. 요즘은 더욱 심각하다. 여기가 제주인지, 아닌지를 분간하기 힘들 정도가 됐다.

그래서일까. 대평리의 자연은 흔한 제주의 느낌은 없다. 심지어 돌마저 그렇다. 제주에서 보기 힘든 돌은 모두 여기에 모인 듯하다. 돌담은 구멍이 숭숭 뚫려 있는 제주 특유의 현무암이 아니라 뭍 지방 어촌에서나 봄직한 그런 돌로 쌓인 담이 줄을 놓듯 길게 이어져 있다. 당캐포구를 시

작으로 특이한 이곳의 풍광을 만난다.

중국을 거론할 때 당唐자를 붙인다. 중국과의 인연이 깊은 당캐는 자연
적인 포구였다. 지금은 축항하여 예전의 흔적이 많이 사라졌지만 겨울철
하늬바람이 불어도 잔잔할 정도로 겨울철 고기잡이에는 그만이었다. 그
래서 이곳을 통해 중국으로 말과 소를 보냈다고 한다.

일제 당시에도 이곳에서 정치망 어업이 성행했으며, 당캐포구에 큰 소나무가 있어 일본인들은 마쓰미나토松港라 부르기도 했다.

대평리는 4·3 광풍을 피해간 마을이기도 하다. 주민들은 그 이유를 당캐포구 때문이라고 한다. 일본 무역상이던 이 마을사람인 정태언·김규언 씨 등이 4·3 관련 젊은이들을 그들의 무역선에 태워 일본으로 데려갔기 때문에 이곳은 4·3 와중에도 평온을 유지했다고 한다.

당캐포구에서 서쪽으로 옮기면 조약돌이 물가를 뒤덮고 있는 마궁굴이 나온다. 마궁굴은 말 그대로 막혀 있는 골짜기를 뜻한다. 골짜기를 따라 500m가량 산책로가 나 있다. 서불의 흔적이 있다는 곳이다. 그 끝 지점에 절벽이 하나 등장한다. 이곳이 바로 서불이 지나가다가 '서씨과처徐氏過處'라는 글을 썼다고 하기도 하고, 서불이 여기를 지날 때 낙오된 한 선비가 절벽에 글을 남겼다고도 한다. 주민들은 '선비기돌'이라고 부른다. 사실인지 아닌지 모르겠으나 예전에는 글씨가 보였다고 한다. 어쨌거나 지금은 절벽만이 이 설화를 간직하고 있다.

실제의 이야기가 지명이 되는 경우가 많은데, 선비기돌을 뒤로 하고 다시 바다와 마주하다가 좀더 서쪽으로 향하면 눈앞에 박수기정이라 불리는 커다란 병풍절벽을 만나게 된다. 이야기가 지명이 된 곳이다.

병풍절벽은 이곳 주민들이 얼마나 힘들게 살았는지를 대변한다. 경치는 매우 빼어나, 보는 이들의 눈을 시리게 하지만 속사정은 그렇지만은 않다. 소와 말을 옮기던 '몰질'(말이 다녔다는 뜻의 제주말) 외에는 큰길이 없던 시절, 이곳 대평에서 화순으로 가려면 시간이 꽤나 걸렸다.

그래서 기름장사 할머니가 병풍바위를 넘어서 화순으로 가기 위해 길을 만들기 시작했다. 그 할머니가 호미로 절벽의 바위를 콕콕 쪼아서 길을 내다 떨어져 죽고 만다. 그 뒤 대평리 788번지에 살았다는 송인생 할아버지가 그 길을 완성했다고 한다. 호미로 쪼아서 만들었다고 해서 주민들은 제주말로 '조슨다리'라는 이름을 붙였다. 대평리에서 가장 큰길 역할을 했던 조슨다리는 해녀들이 미역을 지고 오르내릴 때도 이용됐다.

절벽 중간쯤 해안에는 박으로 물을 떴다는 '박수'가 있다. 박수 일대는 커다란 바위들이 사람을 맞는다. 여러 가지 암석들이 나뒹군다. 마치 대평리의 현재 모습을 보는 듯하다. 조용하던 마을에 사람이 몰리고, 제주사람들이 가진 땅도 외지 사람들에게 넘겨졌다. 높은 건물이 생기고, 호텔도 등장했다.

이젠 뭐랄까. 서불이 지나간 곳에 2,000년 만에 새로운 땅으로 변신을 했다. 좋은가? 나쁜가? 내 속은 아프지만 그건 내 맘이고, 나머지는 글을 읽는 사람 마음에 맡기련다.

해안에서 만난 용 한 마리

용龍이 온 몸을 드러내
'구욱 구욱' 울음을 운다

여행이 업이 아닌 이상 그 자체가 일상이 될 수는 없다. 그렇
기 때문에 여행을 하려면 익숙한 것들과의 결별이 뒤따른다.
어차피 하나를 얻으려면 하나를 잃는 것이 세상의 이치라 하
는데, 바닷가 여행을 하다가 감기라는 불청객을 맞기도 한다.
감기를 달고 살아가는 사람에겐 전혀 낯선 일이 아니겠으나 그렇지 않은
사람에겐 그야말로 팔팔하고 생기 넘치던 익숙함과의 결별이 아닐까.

살다 보면 불청객과 조우하는 걸 슬퍼할 필요까지는 없다. 살아가는
게 늘 익숙해야 하고, 일편단심일 수만은 없잖은가. 익숙함에 너무 길들
여졌다면 그런 익숙함과의 결별을 권하고 싶다. 그런 때 용을 찾아보라
고 말하고 싶다. 웬 용? 이렇게 말할 이들이 있겠으나 동양에서 용은 4신
神(기린, 봉황, 거북, 용) 가운데 하나로 제주에는 용에 얽힌 지명들이 곧잘
등장한다. 용이 등장하는 이유는 특별한 데 있는 건 아니다. 농경이 주업
이던 우리 민족에게 물을 지배하는 용이 신앙의 대상이 되고, 설화의 주
인공으로 등장하는 것은 어찌 보면 당연한 일이다. 물론 제주만 용을 가
진 건 아니다. 물과 연관된 곳엔 으레 용이 등장한다.

제주를 찾는 사람들에게 용을 떠올려보라고 하면 응당 용두암을 말할
듯싶다. 그러나 진짜 용을 보기를 원하는 이들에겐 서귀포시로 향할 것을
권한다. 서귀포시 예래동에 있는 용은 용두암의 용보다 더 용을 닮았다.

질지슴의 주상절리

서귀포시 예래동의 질지슴이라는 바닷가. 이 바닷가 동쪽 용문덕이라는 곳에 그 용이 떡하니 버티고 서 있다. 아니, 얼마 전까지는 그랬다. 정말 생김새 그대로가 용이었다. 머리며, 뿔이며, 꼬리까지 이어지는 형상이 영락없는 한 마리 용이었다. 머리만 갖춘 용두암과는 전혀 다른 모습이다. 그런데 용머리가 파괴돼 있다. 왠지 모르겠다. 누가 떼어간 건 아닐 테고, 폭풍우에 꺾였는가. 아니면 그 위쪽으로 난 길을 따라 제주 풍광을 즐기려는 수많은 이들이 몰려들자 드러내기 싫어서 용의 본색을 감췄는가.

　　질지슴이라고 부르는 이 일대 바다의 서쪽은 큰코지, 동쪽은 작은코지라고 한다. 하예포구에서 동쪽으로 가다 보면 큰코지를 만난다. 큰코지에서 작은코지까지는 1km 가까이 된다.

　　큰코지에는 진황등대가 있으며, 그 주위에는 용암이 뿜어낸 갖가지 형상의 뾰족한 바위들이 볼거리를 제공한다.

　　제주도 해안에는 잘 다듬어진 기둥 모양의 주상절리가 곧잘 보이는데, 큰코지에서 서쪽으로 가다 보면 주상절리가 눈에 들어온다. 주상절리는 육각기둥의 지삿개를 으뜸으로 치는데, 지삿개를 보지 못한 이들이라면 질지슴에서 그 맛을 느껴보라고 하고 싶다. 지삿개에서 보던 그 바위 모양 그대로가 질지슴에 있다. 육각기둥이 되려다 떨어져 나온 바위들도 만나게 되며, 직접 육각기둥을 손으로 만질 수도 있다.

좀더 동쪽으로 가면 질지슴의 끝인 작은코지와 만난다. 그곳에 용문덕이 있는데, 용문덕은 바다에서 하늘로 승천하던 용이 지나던 문턱이라고 해서 붙여진 이름이다.

혹시 용의 울음소리를 들어본 사람이 있을까. 여기서 잘 들어보자. 용문덕을 오가는 파도소리를. '웅~, 웅~', '구욱~, 구욱~'. 용문덕이 용을 부르는 소리이다. 바닷물이 용문덕 아래에 놓인 돌을 감싸안으며 때릴 때 나는 소리다. 용문덕은 "용의 울음이 이것이다"라고 가르쳐준다. 비록 온전하던 용머리가 언제 어떻게 부서졌는지는 모르지만, 용의 울음소리는 지금도 여전하다. 온전하던 용머리가 부서졌기에 더 아파서 울 수도 있겠지.

용문덕

자갈과 제주 돌의 오묘한 조화

차르르 차르르
그 소리에 난 이미 네가 돼 있다

한없는 일상들이 머리를 짓누를 때 어디론가 떠나고 싶다는 생각이 불쑥 찾아든다. 시인 류시화는 이렇게 말하지 않았던가. 집이 없는 자는 집을 그리워하고 집이 있는 자는 빈 들녘의 바람을 그리워한다고. 시인의 말마따나 빈 들녘의 바람이 너무 그리울 때 실행하는 일이 여행 아니던가.

제주시 내도동에 있는 알작지는 빈 들녘의 바람과 같다. 아무도 눈여겨보지 않는 곳이면서도 친근한 곳이기도 하다. 그 속에 서 있으면, 거기 있는 모든 것들이 내 몸 속으로 들어오는 듯한 느낌을 받는다.

무소유의 법정 스님이 여기에 들렀으면 어땠을까. 어느날 법정 스님은 보길도의 유명한 자갈 해변인 예송리를 들러 몇 시간 동안 멍하니 자갈과 파도가 빚어내는 소리에 푹 빠졌다고 한다. 한마디로 법정 스님은 불가에서 말하는 오묘함에 심취해 버렸다.
그런 법정 스님이 알작지를 들른다면.

바람이 분다. 파도가 밀려온다. 산만한 파도가 해안을 덮친 뒤 바다로 되돌아가면서 자갈 사이사이로 바닷물이 빠진다. "차르르, 차르르" 하는 그 소리를 들어보라.

법정 스님은 그 소리에 '무소유가 이런 것이로구나.' 하고 바다와 한 몸이 됐을지도 모를 일이다.

알작지는 아주 잘잘한 돌(작지)이라는 뜻의 제주말이다. 그러나 알작지는 원래 이름이 아니다. 제주시 내도동 해안을 부르는 말은 '신지방코지' 다. 신지방이라는 의미는 알 길이 없으나 해안 서북쪽에 송곳처럼 솟은 바위를 이곳 사람들은 그렇게 불러왔다. 작은 관탈섬(관탈섬은 제주에 유배 오는 이들이 이쯤에 오면 관복을 벗었다고 해서 이름이 붙음) 형태를 띤 이 바위는 수줍은 색시마냥 물이 빠질 때나 사람들에게 얼굴을 드러낸다.

이 일대를 제대로 맛보려면 신지방을 중심으로 둘러봐야 한다. 신지방 서쪽은 흔히 말하는 '알작지' 이며, 신지방 동쪽은 울퉁불퉁 튀어나와 있는 바위군이다.

알작지가 바닷물과 섞일 때 내는 소리는 옛날 그대로이지만 규모는 많이 축소됐다. 제주시 산지항을 축항하면서 이 일대 자갈을 많이 가져가 버렸다고도 한다. 최근엔 내도 방파제를 만들면서 자갈의 생성이 끊기고 있다.

간혹 이곳을 들르는 나그네들은 자갈의 매혹에 빠져 슬쩍하기도 한다. 날아갈 듯 나풀나풀하고 동글동글한 자갈들은 내도가 아닌 다른 이들이 주인이 돼버렸다. 오죽하면 이 일대 조약돌 채취를 금지한다는 경고문까지 만들었을까.

이곳이 자갈 천지였음은 알작지 서쪽에 위치한 내도동 방사탑과 이 일대 돌담 모두가 바닷가 자연석으로 쌓여 있다는 점에서 능히 알 수 있다.

신지방 동쪽 일대의 바위군은 너무 재미있다. 알작지의 자갈만 보고 간다면 뭔가를 빠뜨린 여행이 되고 만다. 반드시 동쪽 일대의 바위군을 둘러봐야 제맛이다.

우선 동물을 닮은 바위를 찾아내보자. 알작지가 끝나는 지점에서 바다를 쳐다보면 개를 닮은 모양의 바위가 눈에 들어온다. 바위로 둘러싸인 분지도 만날 수 있다. 파도가 아무리 세게 때려도 이곳은 바람이 들지 않는다. 다만 바위를 건드리는 파도소리와 자갈끼리 부대끼는 오묘한 소리만 들릴 뿐이다. 잠시 명상에 잠겨도 좋다.

여기 있는 바위군은 물빠짐에 따라 다도해의 느낌을 만끽할 수 있게 해준다. 바닷물이 어느 정도 스며들면 징검다리처럼 뿌려진 다도해를 만날 수 있으니까.

하지만 개발의 흐름은 막지 못한다. 사람 편의만 생각하며 바다를 매립하고, 도로를 내면서 알작지의 풍광이 하나둘 사라지고 있다. 다 사라지고 나면 후손들에게 욕을 바가지로 먹을 텐데, 그 뒷감당은 누가하려는지.

모세의 기적이 하루 두 번 일어나는 곳

난 바다를 걸어가네
수줍은 바다의 속살도
보고 말았어

섬과 뭍. 서로 닮지 않았다. 닮지 않은 이유는 서로 만날 수 없기 때문일 테지. 그런데 간혹 만나는 경우도 있다. 그런 만남이 있다길래 바다로 나섰다. 바다가 속살을 드러낸다. 수줍지도 않은 모양이다. 섬과 뭍 사이의 바다가 누구의 부름을 받았을까. 물이 빠져나가면서 정체를 드러낸다. 우리는 그런 만남을 성경을 빌어 '모세의 기적' 이라 부른다.

사실 섬과 뭍이라는 두 개체가 만나는 일은 상상하기 어렵다. 문학에서는 멀리 떨어져 손에 잡히지도 않는 섬을 날아다니게도 하고, 우리 맘속에 가까이 오게도 만든다. 눈에 보일 듯한 섬이지만 가까이 갈 수 없음을 문학이라는 이름을 빌어 자유의 바다로 가게 한다.

문학에서는 얼마든지 섬에서 뭍으로 오가는 일이 가능하다. 그만큼 섬은 쉽게 다가가기 힘들기 때문이다. 이처럼 힘들기 때문에 '모세의 기적' 은 그야말로 기적처럼 느껴지는가 보다. 그러나 우리 주위를 좀더 자세히 살펴보면 '모세의 기적' 은 얼마든지 있다. 상상으로 그려내는 문학의 바다에 빠지지 않더라도 섬을 걸어갈 수 있는 곳이 현실에 존재한다. 전남 진도의 바다 갈라짐을 보려고 먼 길을 나설 필요도 없다. 조금만 수고를 한다면 바다 갈라지는 현상을 가까운 곳에서 볼 수 있다. 서귀포시 강정동에 있는 썩은섬은 하루 두 번 바다 속을 보여준다.

바다 갈라짐은 전국적으로 썩은섬을 포함해 5개 섬에서 나타난다. 바다 갈라짐은 해저지형의 영향으로 썰물 때 주위보다 높은 해저지형이 밖으로 노출돼 마치 바다를 양쪽으로 갈라놓은 것 같아 보이는 자연현상일 뿐이다.

썩은섬은 바다 갈라짐을 보이는 여느 섬과 달리 그 현상이 잦다. 하루 두 번, 마음만 먹으면 모세가 '출애굽' 한 기분으로 바다를 걸어서 지나가는 행운을 맛보게 되니 얼마나 좋은가.

섬이란 어떤 특징을 지녔는가. 단어를 나열해 보자. 섬에 관한 단어를 나열하라면 으레 '낭만' 이 첫손에 꼽히지 않을까. 특히 제주도를 향한 세간의 눈길은 그렇다. 30년 전에 최성원이 부른 〈제주도의 푸른 밤〉이 최근에 다시 불어오는 느낌이다. 하지만 사실은 섬이란 낭만보다는 고립, 혹은 격리가 본뜻에 가깝다는 사실을 알아줬으면 한다.

썩은섬은 뭍과 200m 떨어져 있다. 수심 2m의 바닷물이 빠지면서 양 옆으로 80m에 달하는 바닷길이 반겨준다. 한 번 물길이 열리면 3시간에서 5시간까지 썩은섬은 섬이 아닌 뭍이 된다.

그런데 왜 썩은섬일까. 섬의 토질이 죽은 흙이어서 그렇다고들 한다.

이곳의 흙은 원래의 성질을 잃어버리고 푸석푸석하다. 그래서인지 물에 뜨는 돌인 부석 浮石이 많다.

썩은섬에 대한 또다른 이야기도 있다. 설에 따르면 죽은 고래가 떠밀려와 썩은 냄새가 고약해 썩은섬이라고 부른단다.

그런데 지도에는 썩은섬이 아니라 서건도라고 돼 있다. 분명 잘못된 이름이다. 〈탐라고지도〉(1709년)에는 썩은섬의 뜻을 빌어 부도 腐島라고 했으며, 이후 나타난 지도에는 소리를 빌어 서근도 鋤近島라고 했다. 지금의 서건도는 국립지리원에서 지명을 조사할 때 '썩은섬'을 원음에 가깝게 표기하면서 그렇게 만들어버렸다.

물때를 잘 맞추면 썩은섬으로 향하는 속살을 보게 된다. 바다 냄새가 물씬 풍긴다. 물이 갈라지자마자 그 길을 걸어가면 미끄러지기 십상이다. 물에 잠겨 있다가 얼굴을 내민 돌에 이끼가 끼어 그렇다.

썩은섬은 동서로 길게 누워 있으며, 남북으로 기울어져 있다. 동쪽과 서쪽의 느낌은 서로 다르다. 서쪽 소나무밭 사이를 지나면 퇴적층이 나타나지만 억새를 헤집고 남쪽 바다로 향하면 기암괴석들이 방문객을 맞는다. 동쪽보다는 서쪽의 느낌이 좋다. 동쪽 끝에서는 섶섬과 문섬이 마

범섬(왼쪽)과 썩은섬(오른쪽)

썩은섬에서 본 범섬

치 형제섬처럼 마주해 보이며, 범섬 또한 눈앞에 드러난다. 북쪽으로는 월드컵경기장도 보인다. 가만히 앉아 세상사를 잊기에는 그만이다.

동쪽 끝점, 바위에 앉아 범섬을 바라보면 여를 중심으로 흰 물결이 이는 것을 보게 된다. 바람이 거세게 부는 날 찾으면 그야말로 장관이다. 바위를 때려 생기는 파도가 아니라, 바닷속에서 분수처럼 물이 솟아오르는 보기 드문 장면이 나타난다.

그렇다고 썩은섬에서 상념에 잠기지는 말라. 바닷길이 닫혀 갇힐 수도 있기 때문이다. 썩은섬이 뭍이 될 때는 가족을 데리고 보말잡이 등 바다 체험 하기에도 좋다. 그런데 짠물에 뒤엉킨 몸을 닦을 곳은 없을까. 썩은섬 주변은 이런 고민을 말끔히 해소해 준다.

썩은섬 일대 바닷가를 너븐물이라 부른다. 뭍에서 바다로 흘러내리는 거대한 민물이 있다. 그 물에 발을 담그고 씻으면 될 일이다. 이 일대를 너븐물이라고 부르는 이유는 바다로 빠지는 민물이 그야말로 '콸콸' 쏟아지기 때문일 테다. 전에는 이 물을 활용해 논농사를 짓기도 했다.

'제주도의 푸른 밤'을 찾아 많은 이들이 제주에 온다. 50만 명을 좀 웃돌던 제주도의 인구는 최근 몇 년 사이에 10만 명 가까이 늘어 이젠 60만

명을 넘어서서, 조만간 70만 명 시대가 도래할 것이라고 한다. 긍정 부정을 떠나서 많은 이들이 살다 보면 땅이 그 땅 본연의 역할을 하는 게 어려워진다. 땅에 무언가 계속 들어선다는 말이다. 썩은섬도 조만간 그런 운명을 겪지 않을까 해서 우려된다. 섬이 아름다운 이유는 뭍과 떨어진 존재 그 자체만으로도 가치를 지니기 때문이다.

은어의 숨소리를 들어보라

은어, 그들은 폭포를 뛰어넘어
고향 품에 안긴다
단 한 번의 사랑을 위해

강
정
동

왜 고향이 좋을까. 우린 시에서, 대중음악에서 숱하게 고향을 노래해 왔다. 정지용이 말한 '꿈엔들 잊을 수 없는' 그런 곳이 고향이란 건 말하지 않아도 모두들 아는 사실이다. 그러나 그런 고향은 인간에게만 있을까. 우리가 흔히 말하는 '회귀본능'을 꺼내놓고 사설을 풀다 보면 고향이란 사람만의 전유물이 아님을 알게 된다. 동물들도 분명 고향을 그린다. 인간과 동물이 다른 점이라면 인간은 감성으로 고향을 얘기하며 고향을 찾지만, 동물들은 거의 본능적으로 고향에 다시 되돌아온다는 점이다.

민물고기의 양귀비라 불리는 은어는 대표적인 회귀성 어류다. 물이 맑은 1급수에만 서식한다. 서귀포시 강정마을 사람들은 오염됐던 강정천을 되살려내면서 은어까지 복원시켰다. 이젠 그게 상품이 됐다.

여기 사람들은 '올림은어'라고 한다. 그런데 궁금하다. 은어면 은어였지 왜 '올림'을 붙일까. 올림이라, 강정마을 사람들이 은어에게 붙여준 참 아름다운 이름이다. 바다에서 힘든 여정을 거친 것도 쉽지 않을 텐데, 바다로 떨어지는 강물을 역류해 가며 '단 한 번의 사랑'을 위해 고행을 마다않는 은어에게 참으로 어울리는 말이다. 은어에게 올림을 붙임으로써 단순한 회귀의 의미를 뛰어넘어 은어에게 극도의 예를 표시한 느낌도 받는다. 강정사람들은 또한 다시 바다로 돌아가는 은어에겐 '내림'이란 말을 붙여준다.

은어들은 자랄 대로 자라면 미련을 두지 않고 떠난다. 가을을 채 기다리지도 않고 고향을 등진다.

강정은 물이 아름다운 고장이다. 그러나 인간 때문에 썩어가기 시작했다. 인간이 훼손시킨 현장의 복원을 위해 마을사람들이 뛰어들었다. 지난 1997년이다. 고운환경감시단이란 이름을 내건 마을 청년들이 강정 바닷가의 쓰레기를 걷어내며 강정천에도 관심을 기울여갔다. 그 단체는 악근내에서 은어를 데려와 강정천 일대에 풀어놓으며 은어의 낙원을 만들어갔다. 한때 '올림은어축제' 가 세상 사람들을 맞아들이기도 했으나 지금은 그 축제가 열리지 않는다.

강정천은 서귀포 시민들에겐 매우 중요하다. 서귀포 시민들의 젖줄이어서다. 강정정수장에서 매일같이 3만 톤의 물이 뿜어진다. 서귀포시민 80%는 이 물을 먹으며 산다.

강정천이 바다와 만나는 지점에는 2m쯤 되는 작은 폭포가 있다. 바로 바다로 떨어지는 것이 장관이다. 폭 30m에 달하는 폭포 소리는 모든 소리를 잠재운다. 마치 나이아가라 폭포의 축소판을 보는 듯하다. 여기 폭

강정천 은어잡이

포는 이름이 없다. '강정 폭포' 또는 '강정 나이아가라'로 붙였으면 좋겠다. 폭포가 떨어져 만드는 하얀 포말은 수십 미터 바다로 향할 정도로 만만치 않은 수량임을 짐작케 한다.

그런데 은어는 어떻게 그 폭포를 통과할까. 알고 보니 폭포의 서쪽 끝 통로를 따라 힘찬 꼬리질을 해댄다. 10cm도 채 안 되는 은어가 수직의 폭포를 넘는 모습이 안쓰럽다.

은어는 물을 거슬러 오른다. 강정천 상류로 가보자. 강정 정수장이 있다. 강정정수장 일대는 사람들의 접근을 쉽게 용납하지 않는다. 정수장의 허락을 받아 들어가면 바다에서만 보이는 주상절리가 뭍에 서 있다. 보기 드문 장면이다.

정수장의 북쪽 일대는 또다른 장관이 펼쳐진다. 국내 최고의 담팔수와 아름다운 소沼가 있다. 상수원보호구역 내에 있어 접하기가 쉽지 않으며, 정수장 반대편으로 가야 만나게 된다. 그나마 다행인 것은 이곳에 강정마을 사람들이 모시는 냇길이소당이 있어 마음만 먹으면 찾아갈 수 있다는 점이다.

담팔수는 1,000년을 묵었다. 국내 최고수령이다. 마치 천연우림에 들

국내 최고 수령의 담팔수 ⓒ서귀포 시청

어와 있는 듯하다. 담팔수의 자태는 뭇사람들을 위압하기에 충분하다. 세 갈래로 뻗은 가지는 거대한 남성을 닮았다. 찬찬히 고개를 들어올리면 울퉁불퉁 근육미를 과시하는 남성상이 느껴진다. 2013년, 이 담팔수는 천연기념물 제544호로 지정됐다.

담팔수의 위아래로 냇길이소와 베락마진소가 있다. 병풍처럼 바위로 둘러싸여 있는 냇길이소는 아무리 가뭄이 들어도 물이 마르지 않는다. 바람이 불어도 잔잔한 물결만이 있을 뿐이다. 사람들이 지하수를 많이 퍼올려 예전만큼 맑지 못한 게 다소 아쉽다.

냇길이소 밑에 위치한 베락마진소는 바위 곳곳이 벼락을 맞은 것처럼 돼 있다고 해서 이런 이름이 붙었다.

사람의 발길이 없어서인가. 철새인 원앙(천연기념물 제327호)은 이곳에 자태를 틀고, 강정천의 텃새가 돼버렸다.

이토록 아름다운 강정마을. 그런데 강정천 서쪽으로는 해군기지 공사가 한창이다. 전에 보이던 솟대(솟대)는 어디에 있는지 찾지를 못하겠다. 범섬의 기운이 워낙 강해 예래동이 사자의 이름을 빌어 제압했듯이, 강정마을은 솟대를 세워 그 기운을 눌렀다고 하는데 그 솟대는 어디에 숨었나. 혹시 해군기지 때문인가.

제주에서 육지부와 가장 가까운 코지를 뭐라고 했나? 관곶이다. 서귀포는? 강정에 있는 세별코지이다. 관곶이 육지부와 가장 가까운 코지라면 세별코지는 육지부와 가장 먼 코지이다. 여기서는 서귀포에 있는 모든 섬이 한눈에 들어오고 날씨가 좋을 때는 한국 최남단 마라도도 보인다. 하지만 해군기지 때문에 이젠 달리 불릴 날이 멀지 않다.

거기, 가봅디가?

너무 좋죠?
제주라는 섬, 말입니다
살고 싶죠
그래서 몰려든다면서요
우리나라 사람도 많고
중국인도 꽤나 온다면서요
몰려드는 걸 뭐라 할 순 없지만
땅은 말이죠, 계속 밟으면 아파합니다
너무 밟아서 아파하게는 하지 말아아죠
그게 바로 그 땅에 대한
예의랍니다

금산공원

용눈이오름

조개못

한라산

곶자왈도립공원

논짓물

송반내

용머리
해안

개다리폭포

어머니의 품을 닮았다

'오름의 왕국'에 서면
동쪽으로 일출봉이
저멀리 한라산도 잡힌다

오
름
눈
이

용

제주가 주는 멋은 '딱 이것이다' 라고 표현하기 어렵다. 하나만을 딱 고른다면 사실 제주에 대한 예의가 아니지 않나.

　　　제주는 바다에 가도 산에 가도 다른 지방의 그것과 차별되는, 나름대로의 멋이 있다. 그런데 산도 아니고, 바다도 아닌 정말 제주만의 것이 있다. 바로 오름이다. 산이나 바다는 뭍사람들 곁에 존재하는 것일지 몰라도 오름은 오직 제주사람 곁에만 머물러 있다. 오름은 한라산이 주지 못하는 감칠맛이 있다. 뭍사람들은 한라산을 아주 쉽게 오른다. 단숨에 한라산에 올라 남한의 최고봉을 밟았다는 사실에 만족한다. 그렇지만 제주를 진정 느끼려면 오름에 올라야 한다. 한라산이 주지 못한, 아니 한라산이 줄 수 없는 그 무엇인가가 존재하기 때문이다.

　그건 제주 민중들의 삶이다. 오름, 그것은 한 마을의 구심점이기도 하며, 신앙의식의 터이기도 하다. 제주인들은 그런 오름 자락에서 살을 붙여왔다.

　오름은 민중들의 것이었기에 친근하고 넉넉함이 있다. 그 친근함과 넉넉함을 느끼려면 한라산 정상까지 갈 때처럼 발걸음을 재촉하지 않아도 된다. 오름은 우리더러 몸을 낮추라고 한다. 허리를 낮출 때만 보여주는 것들이 있다.

오름은 거대한 무덤을 닮기도 했으나 실은 우리 어머니다. 우리 어머니들은 오름을 숱하게 오르며 거기서 아픔을 쏟아내렸고, 우리에게 희망을 얘기했다. 그래서 오름을 파괴하는 행위를 우리는 용서하지 못한다. 1990년대 중반, 한국전력이 당시 북제주군(현재는 제주시가 됐다) 구좌읍 일대를 지나는 송전탑을 오름에 시설하려 하자 대대적인 반대운동이 일어난 것도 그런 이유 때문이다.

오름의 왕국. 제주도를 그렇게 부른다. 제주도 어디에서나 마주할 수 있는 한라산 정상처럼, 오름도 어딜 가나 만나게 된다. 그 가운데서도 제주시 구좌읍은 유별나다. 오름이 집단적으로 봉긋봉긋 솟아 있다. 구좌읍 일대의 오름을 오르면 우리가 그렇게 부르는 '오름의 왕국' 이 그야말로 가슴에 와 닿는다.

그런 수많은 오름 가운데 용눈이오름을 찜하겠다. 용눈이오름은 구좌읍의 끝 지점이면서 '오름의 왕국' 의 시작을 알리는 오름이다. 이 오름은 잔디가 넓게 깔려 있어 오르기에는 그만이다. 마치 용의 등을 타고 오르락내리락 하는 기분이다. 그래서 용의 이름이 붙었는가. 한자로 용와악龍臥岳이라고 한 것을 보면 그 말이 맞는 모양이다. 누워 있는 용, 용눈이다. 그나저나 용은 바다의 왕인데 웬일로 땅에 서 있게 되었나. 참 착한 용이다. 하늘 맑은 날에도 날아오르지 않고 어머니 같은 이 땅을 지키고 있으니.

오름의 포인트는 한라산과 다르다. 정복을 위해 나선다면 집어치우라고 말하고 싶다. 오름은 정복하는 데 맛이 있는 것이 아니라 느끼면서, 자기화 내지 오름과의 동질화에 맛이 있기 때문이다. 천천히 지르밟아 가다 보면 오름의 아름다움에 푹 빠져든다.

오름은 작다. 그래서일까. 오름에는 정말 작은 것이 아름답다. 숱하게 아름다운 작은 것들이 있다. 산담을 두른 무덤군을 지나면 발아래 야생화들이 펼쳐진다. 흰 솜털이 보송보송한 할미꽃, 5개의 노란 잎을 피워 올린 양지꽃, 6개의 하얀 손가락을 내민 이름 모를 들꽃, 자줏빛 제비꽃도 눈에 들어온다. 제비꽃을 알아도 봄은 오고, 제비꽃을 몰라도 봄은 간다고 했다. 모르는 들꽃들이 널려 있으나 중요한 사실은 이름을 알든 모르든 허리를 낮춘 사람에게만 들꽃들은 자신을 보여준다.

등성이를 오를 때 많은 들꽃이 마구 발에 밟힌다. 메마른 대지에서 한 방울도 안 되는 이슬을 모아 피워낸 꽃이 할미꽃이라는데, 오름을 오르는 이들의 발아래 수없이 짓눌려도 살아 있다.

야생화의 매력에 푹 빠져 등성을 오르면 '지치다'는 단어는 너무 과한

표현이라는 느낌이 든다. 지칠 새가 없다. 오름이야 크지 않기 때문에 자세히 관찰하며 오르더라도 시간은 넉넉하다. 〈오름나그네〉라는 책을 펴낸 자칭 타칭 '오름나그네'로 불렸던 고_故 김종철 어른은 용눈이오름을 이렇게 표현했다. "너울거리는 능선의 기복에도, 굽이치는 굴곡선에도 생동감이 흐른다."

　용눈이오름을 밟다 보면 오름나그네가 표현한 말이 사실임을 알게 된다. 오르락내리락하는 재미가 으뜸이다. 남쪽과 북쪽 봉우리 사이에 움푹 팬 분화구가 있다. 세어보니 3개나 된다. 그런데 귓바퀴를 훑고 지나가는 바람이 매섭다. 귀가 따가울 정도이다. 바람을 피하기에는 분화구가 제격이다. 거친 바람도 여기서는 잦아든다. 누군가가 분화구 안에 돌을 하나둘 모아 탑을 쌓아뒀다. 4·3을 기억해 낸 독립영화 〈지슬〉의 장면장면이 고스란히 보인다.

용눈이오름은 남쪽에 비해 북쪽 봉우리가 높다. 북쪽 봉우리에서는 안 보이는 게 없다. 북쪽 가까이로는 다랑쉬오름, 좀더 멀리 행원리의 풍차와 바다. 제주의 동쪽 끝도 여기서는 한눈에 들어온다. 지미봉, 성산일출봉, 우도도 눈에 밟힌다. 정상에서 몸을 한 바퀴 휘두르면 한라산 정상과 남쪽 먼바다도 눈에 흔적을 남긴다.

정상에 오르니 밉살스런 것들은 여전하다. 눈엣가시라고 해야 할까. 송전철탑이 눈을 아프게 만든다. 최근엔 오름 주위에 들어선 풍차도 그렇다. 게다가 길 따라 만들어진 삼나무 방풍림도 오름에 오른 이들의 조망권을 방해하기는 마찬가지다.

철새들의 보금자리가 있는 곳

바다는 울음을 운다
울음 그치라고
풍차가 '웅웅' 울음을 대신한다

조
개
못

제주인, 그들은 바다를 삶의 수단으로 삼아왔다. 지금도 그렇다. 제주인뿐 아니라 시를 그리는 이들에게도 바다만큼 매력적인 요소는 없다. 〈향수〉로 우리에게 익숙한 시인 정지용에겐 바다는 시를 짓는 수단이었다. 정지용이 식민지의 고통을 참아내려고 바다라는 자연을 빌어 쓴 데는 이유가 있었으리라.

그러나 제주바다는 시인들에게 새로운 과제를 던져주고 있다. 우리가 예전에 간직해 왔던 낭만적인 바다의 모습이 아니라 개발과 환경파괴라는 주제 앞에 서 있는 바다의 모습을 그려낼 때다.

제주시 한경면 신창리로부터 이어지는 바다는 해안도로가 점령했다. 1997년 개설된 이 도로는 해안가의 밀물과 썰물이 오가는 조간대 위에 버티고 있다. 그것으로 그쳤으면 좋으련만, 바람을 이용해 전력을 얻어 보겠다며 거대한 풍차까지 등장해 조간대를 싹쓸이해 버렸다. 이 곳 풍차들은 해안도로에서 바닷가 쪽으로 서 있다. 그러니 풍차가 서 있는 지점까지 새로운 도로를 내느라 조간대를 덮치는 현상까지 발생했다. 네덜란드의 풍차처럼 운치가 있으면 좋으련만 그런 모습도 아니다. 과연 이 풍차가 풍치 있는 볼거리나 될 수 있을지 의문이다.

조간대를 두고 '해양문화유산의 보고' 라고까지 칭한 분도 있다. 해양의 무형문화유산이라는 점에서 이런 표현을 빌린 것이다. 그렇지만 바닷가는 자본의 논리에 절단나고 있다. 개발 등으로 인해 해안은 파괴되고 있다.

제주시 한경면 용당리. 해안도로를 끼고 한쪽은 용당리 사람들이 '솔해'라고 부르는 바다, 다른 한쪽은 '조개못'이라 불리는 뭍이다.

용당리 바닷가에는 사람이 살지 않는다. 그런데도 이곳 주민들의 삶은 바다가 지배하고 있다. 원래 용수리였으나 1952년 용수리에서 떨어져 나오며 용당리라는 이름을 얻게 됐다. 용당 사람들이 솔해라고 부르는 바다는 1960년대 들어서야 용당리 것이 됐다. 마을 사람들이 솔해로 나오려면 바다로 난 길을 족히 2km는 걸어야 한다. 마을과 떨어져 있지만 바다를 찾는 이유가 있다. 솔해에서 나는 톳·천초·소라 등은 용당마을 사람들을 먹여살리는 소득원이기 때문이다. 솔해가 용당 사람들의 삶을 지탱하는 재원이라면, 솔해에서 뭍으로 나 있는 조개못은 그곳 사람들의 쉼터였다. 가족을 데리고 바다도 구경하고, 갯벌탐사도 벌일 수 있는 그런 곳이다.

바다에서 뭍으로 난 조개못. 여긴 바닷물이 들락날락해 하나였으나 길이 생기며 뚝 끊어지고 말았다. 조개못에는 갯벌이 펼쳐져 있고, 1만 평

의 갈대숲이 있다. 이 정도라면 철새가 웅크려 있기에 최적이다. 청둥오
리와 흰두루미들이 여길 자주 찾는다. 갯벌에서는 새 발자국도 흔하게
만날 수 있다.

그렇지만 원래 갈대밭은 아니었다. 1960년대 중반까지는 벼농사를 지
었다. 수로도 있어 매우 큰 규모로 논농사가 이뤄졌음을 짐작하게 한다.
신경림의 "언제부턴가 갈대는 속으로 조용히 울고 있었다."로 시작되는
시 〈갈대〉를 음미해 본다. 1만 평에 이르는 이곳 갈대 역시 하얀 꽃을 피
우는 가을이 으뜸이지만 솜털이 춤추는 겨울과 여름도 나름대로 보는 즐
거움이 있다.

조개못 일대는 다양한 용암의 군상들도 있다. 물에 쓸려간 듯한, 수제
비를 해 먹으려 밀가루 반죽을 뚝뚝 떨어뜨려 놓은 듯, 계곡이 갈라지듯
옆으로 누워 있는 용암들이 숱하게 널려 있다. 새끼꾸러미를 던진 것처
럼 주름을 만든 파호이호이용암 등도 눈에 들어온다.

이들 용암과 생존하는 식물들은 희한하다. 바닷물이 드나드는 곳에서
생존하는 자체가 흥미를 유발한다. 바위 사이사이에 이름 모를 식물들이
버티고 있으며, 덩굴식물도 용암을 따라 이곳저곳 엉켜 있어 강한 생명
력을 과시한다.

조개못은 철새들이 많이 몰려오는 곳이지만 모르는 이들이 더 많다. 갯벌 위로는 철새들이 왔다갔다하는 흔적을 남기고 있다. 신창 해안도로 시작점에서 2km 내달리면 용당어촌계 바다작업장을 만난다. 그곳에서 1만 평에 달하는 뭍 지역이 조개못이다. 바로 곁에 풍차가 돌고 있다. 열심히 날개를 휘두르고 있는 풍차를 뚫고 어느 철새가 이곳을 찾을까.

　'웅~, 웅~' 소리를 내는 풍차는 끊임없이 바다를 괴롭힌다. 조개못 입장에서 풍차는 점령군에 다름 아니다.

도심 속에서 살아 숨쉬는 생태하천

참게와 송사리가 되돌아왔어
누가 주인일까
사람의 것만은 아닌 게야
지구촌에 주인은 없지

이 세상이 사람만의 것이었나.

솜
반
내

이 세상이 사람만의 것이었나. 그렇지 않다. 인간이 수를 늘리고, 자신들만의 도시를 만들면서 세상을 지배하자 인간과 생물 사이의 공생관계에 금이 가기 시작했다. 인간들은 급기야 자신들의 행동에 대한 반성으로 새로운 의제를 채택하게 된다. 인간들은 1992년 리우환경회의에서 '환경적으로 건전하고, 지속가능한 개발'이라는 전제 아래 도시를 개발해야 한다는 데 의견을 모았다. 생태도시라는 의미도 이때부터 시작됐다고 보면 된다. 그렇지만 생태도시란 사람과 자연, 환경이 한데 어우러져 서로의 삶에 가치를 부여할 때 의미가 있다.

그렇게 생태를 얘기한 지 20년이 넘었다. 이젠 우리 가까이에서 자연이 살아 숨쉬는 생태환경을 만나고 있다. 이는 파괴만을 일삼던 인간들이 자신들의 생존을 위해 정신상태를 바로잡으려 한 몸부림이기도 하다.

우리 가까이엔 어떤 생태환경이 자리 잡고 있을까. 그것도 도심에서. 제주에서는 제주시의 산지천과 서귀포시의 솜반내를 손꼽을 만하다. 둘 다 생태공원 모델의 으뜸으로 거론된다.
그러나 같은 모양은 아니다. 사람도 얼굴이 제각각이듯 복원된 하천들도 나름대로의 모습을 갖고 있다. 산지천은 이렇게 얘기해 볼 만하다. 깔끔하게 다듬어진 성형미인. 그렇다면 솜반내는 어떤 얼굴이라고 말하는 게 적절할까. 솜반내는 산지천에 비한다면 잘 정돈됐다는 느낌이 안 든다. 솜반내는 자연이라는 그 뜻이 내포하듯 그냥 '그러할' 뿐이다. 자연 냄새가 풀풀 풍기는 수더분하고 너그러운 촌할아버지를 닮았다.

솜반내는 도심 속에 작은 생물들의 서식공간을 만들어냈다는 점에서 일종의 비오톱biotop이다. 솜반내가 되살아난 뒤 지자체는 이를 두고 시민 품에 돌려놓았다고 한다. 그러나 자연이 시민들의 것만은 아니다. 어느 시인의 말마따나 지구촌에 주인은 없다.

솜반내엔 들풀이 살아 움직인다. 정돈되지 않은 듯 보이는 하천에는 아주 깨끗한 물이 흐른다. 돌엔 이끼도 끼어 있어 생명체의 삶이 그대로 느껴진다. 솜반내는 천지연폭포의 원류가 되는 하천으로, 예부터 서귀포 시민들의 피서지로 각광받아 왔다. 그러나 1980년대 이후 이곳은 썩어 들어갔다. 사람들이 버린 쓰레기와 생활하수는 이곳을 폐허로 만들었다. 사람들이 자신들의 편의만 생각하다가 오랜 친구를 병들게 한 셈이었다. 그러다 2002년부터 생태환경공원 조성사업이 시작되면서 이곳에도 생명의 숨소리가 들리게 됐다. 멸종됐던 참게가 돌아오는 등 예전의 솜반 내로 되돌아가고 있다.

솜반내를 사이에 두고 산책로가 조성돼 있다. 발이 디딛는 건 나무다.

산책로가 나무로 만들어졌다는 점이 우선 좋다. 그런데 산책로 주변엔 잡풀처럼 땅바닥에 누워 있는 맥문동이 널브러져 있다. 맥문동 천지여서 다소 정돈되지 않은 느낌이다. 이런 느낌은 솜반내 곳곳의 풍경을 닮았다. 정돈되지 않은 모습은 생명 그 자체를 사랑하는 자연 그대로인 그런 모습이다.

하천에는 창포도 있다. 송사리도 있다. 하천으로 내려가 손으로 만질 수도 있다. 솜반내의 풍경은 이렇다. 돌에 앉은 이끼만 보더라도 이곳이 살아 있음을 알 수 있다.

솜반내에서 남쪽으로 길 하나만 건너면 걸매생태공원에 다다른다. 걸매생태공원 축구장을 따라 내려가면 나무로 된 데크 시설이 눈에 띈다. 데크. 말이 좀 어려운가. 아니다. 요즘은 너무 흔히 쓰는 단어가 돼버렸다. 지붕이 없는 바닥인데, 하도 '데크, 데크' 라고 떠드니 모르는 이가 없다.

걸매생태공원 데크는 땅바닥보다 1m 가까이 떠 있다. 데크 밑으로 작은 생물들이 자유롭게 오갈 수 있고 땅바닥도 숨을 쉴 수 있도록 돼 있다. 걸매생태공원이라는 말에 잘 어울리는 시설이다. 여기에 있는 데크는 인공적으로 만들어진 내를 지그재그로 건너가도록 돼 있다.

걸매생태공원이 주는 매력은 환경을 중시한 데크와 함께 생명체에 대

한 존경심이다. 솜반내에서 흘러내린 물이 걸매생태공원을 지나간다. 만
들어진 인공하천이지만 물고기들이 노닌다. 하늘 위를 다니는 새들의 먹
잇감이 되지 않을까 걱정되지만 그럴 기우는 없다. 주변이 울창하기에
하늘 위에서 노니는 새의 감시망에서 벗어나 있다. 생태공원을 처음 만
들 때만 하더라도 데크 주변은 황량했으나, 10여 년이 지난 지금은 나무
가 있어서 좋다. 여기에 살고 있는 송어도 자연을 즐기듯 유유히 흘러다
닌다.

버려진 민물의 놀라운 환생

우리가 물이 돼 만난다면
더위쯤이야 물릴 수 있지

논
짓
물

인간은 물을 찾아간다. 그래서 문명은 물이 있는 큰 강을 끼고 탄생했다. 물이란 모든 이들에게 다 그렇겠지만 제주사람들에겐 더 귀한 존재로 다가온다. 제주 어디에 강이라도 있던가? 폭우가 제주에 찾아오더라도 그 흔적은 잠깐일 뿐이다. 제주 곳곳의 하천은 이내 말라버린다. 그래서 제주사람들은 물을 찾아 나섰다. 곳곳에 남아 있는 용천수는 제주사람들의 삶의 흔적이며, 삶을 이끌어낸 원천이기도 하다. 요즘엔 말라버린 용천수가 널리고 널리면서 개발이 늘 좋은 것만은 아니라는 사실을 일깨워주니 그게 좀 아쉽다.

다행히도 서귀포시 예래동에는 용천수가 유독 많다. 인근의 강정에 버금갈 정도로 벼농사를 지었던 곳이라 물이 풍부했음을 짐작하고도 남는다. 예래동에서 빼놓을 수 없는 용천수는 대왕수·소왕수다. 아무리 가물어도 이곳은 물이 콸콸 흘러넘친다. 대왕수는 워낙 수량이 많아 붙여진 이름이다. 일제강점기 당시 일본군 부대가 이곳에 주둔했으며, 해방 이후에도 한때 군병력이 머물렀을 정도였다. 소왕수는 대왕수의 서쪽에 위치한 샘으로, 한여름에 지친 이들의 땀을 식혀주는 장소 역할을 지금도 하고 있다. 너븐내로 합쳐지는 이들 물은 식수였으며, 빨래터의 역할도 해왔다.

그러나 쓰지 못하고 버려지는 물도 있었다. 예래동 바닷가에 접해 있는 논짓물이다. 논짓물은 바다와 가까운 곳에서 솟아나기 때문에 식수로도, 농업용수로도 사용하지 못했다. 그냥 버리는 쓸데없는 물이라는 뜻에서 논짓물이라고 불렀던 것이다.

그렇게 버리기만 했던 물이 이젠 변신을 거듭해 으뜸 피서지로 탈바꿈했다. 1980년대 이곳에 도로가 생기면서 물이 막히자 예래동 사람들은 아무리 노는 물이지만 물꼬를 살리자고 해서 도로 밑으로 수로를 냈다. 1990년대 말에는 바다 쪽에서 물막이 공사를 벌여 해수와 담수가 섞이는 천연 풀장을 만들었다. 물이 빠지면 담수풀장이 되고, 물이 들면 해수풀장이 된다. 개발로 인해 사라져버릴 자연환경을 적극적으로 활용함으로써 새로운 즐거움을 주는 곳이 된 것이다.

앞서 소개한 질지슴이 좋은 이유는 지삿개를 가지 않고서도 지삿개를 만졌고, 용이 울음 울며 넘나들던 문(용문덕)도 보았기 때문이다. 질지슴은 서귀포시 예래동에 있다. 예래동은 그걸로 끝이 아니다. 볼 게 무궁무진하다. '예래猊來'는 동쪽바다 위에 떠 있는 섬(범섬)이 범 모양을 하고 있기 때문에 그와 대항할 사자가 온다는 뜻으로 붙은 이름이라고 한다. 호랑이가 이곳을 범하지 못해서일까. 예래동은 볼거리가 온전히 남아 있다.

'청정' 지역으로 부를 때 떠오르는 대표적인 생물이 바로 반딧불이다. 예래동은 반딧불이 보호구역이기도 하다. 논짓물에서 동쪽으로 난 길을 따라가면 하수종말처리장에 다다른다. 도로의 끝점이면서 반딧불이 보호구역의 시작이기도 하다.

둥근 먹돌. 잘 다듬어진 육각기둥. 반딧불이 보호구역 바닷가에서 만나게 되는 돌 군상이다. 더운 때만 피하면 맨발로 둥근 돌을 밟으며 걷기에는 최상이다. 연인의 손을 살포시 잡은 채 바다를 보디가드 삼아 걸어가 보자.

이 일대는 이른바 '갯깍 주상절리대' 라 부른다. 최대높이는 40m에 달하며 해안 1km에 걸쳐 있다. 중문 대포해안과 더불어 국내 최대 규모의 주상절리대다. 바닥에 밟히는 건 돌이어서 빨리 걷지 못한다는 단점은 있지만 돌기둥을 만지는 체험도 가능하다.

돌을 계속 밟는다. 조금만 걷다 보면 해식동굴이 눈에 들어온다. 25m의 터진 굴이다. 다리 형태를 띠고 있다고 해서 '해식교' 라고도 한다. 굴 속에서 시원한 바람이 드나들며 나그네의 땀을 닦아준다. 터진 굴을 다 통과하고 나면 바다 냄새가 코를 찌른다.

다시 동쪽으로 간다. '들렁케' 라는 이름이 붙여진 곳이다. 작은 굴이 보인다. 들렁케란 '들려진(들렁) 작은바위 그늘집(케)' 의 제주말이다. 바

개다리 폭포

다에서 언덕으로 좀 올라가야 한다. 그 굴은 다소 음침하지만 어른이 서 있을 정도의 크기는 된다. 삼국시대 이전에 쓰던 토기들이 발견된 유적지이기도 하다. 들렁궤에서는 바다가 시원하게 내려다보이지만 혼자서 갈 만한 곳은 아닌 듯하다.

돌이라서 뛰지도 못하고 조심조심 걷다 보니 1시간은 족히 걸린다. 언덕 바로 위에는 중문골프장이 자리 잡고 있다. 하얏트호텔이 눈에 들어오며 그 밑으로 모래사장이 있다.

하얏트호텔 동쪽에 있는 중문해수욕장을 '진모살'이라고 부르며, 서쪽에 있는 곳은 '조근모살' 또는 '존모살'이라 한다. 조근모살에는 돌이 깔려 있어 수영하기에는 불편하지만 사람들이 찾지 않는다는 점에서 조용히 걸으며 바다를 벗삼기에 최고다. 하얏트호텔 서쪽으로 난 산책로에서 조근모살과 바다를 함께 바라보면 으뜸이다.

하나 더 있다. 호텔 바로 밑으로 떨어지는 물줄기. '개다리폭포'다. 초라한 물줄기이지만 그 물줄기에 주상절리대 기둥들이 하나둘 쓰러져 있고, 쓰러질 준비를 하고 있는 것들도 있다.

마구잡이식 개발 바람에 운다

썰물 때 민낯 드러내는
여러 생물이 살아가는 중간다리

바다는 운다. 그 울음은 격정적이기도 하지만 정적일 때가 더 많다. 바다는 파도를 육지로 서서히 밀었다가 어느새 쓸어가곤 한다. 소리 소문 없이 혼자서 운다. 그렇게 바다가 우는 순간을 우린 밀물이나 썰물로 말하곤 한다. 특히 썰물 때 바다의 울음은 속내를 드러낸다. 숨겨둔 비경이 따로 없다. 사람들에게 오라고 손짓한다. 물론 반가운 일이다.

썰물 때 바다는 공존의 중요성을 일깨운다. 사람이 혼자 살지 않듯 사람과 자연도 하나라는 사실을 말이다. 그런데 우린 그 바다를 메워오기를 수십 차례 해왔다. 바로 내수면이나 공유수면 매립이었다. 바다를 메우면 새로운 땅이 만들어진다. 순전히 사람만을 위한 공간이다. 육지에선 간척사업이라고 하면서 '국토가 늘었다'고 강조해 왔다. 새만금도 그렇게 됐다. 아니, 제주바다도 그렇게 돼왔고, 지금도 진행되고 있다. 각종 개발에 따라, 해안도로의 등장에 따라 바다는 메워지고 있다.

"바다가 메워지면 뭐가 좋을까"라고 물어보자. 바다에 시멘트를 심고, 수많은 사람을 갖다놓으면 뭐가 좋은지. 자연은 글자 그대로일 때가 이름값을 한다. 바다를 메우는 것과 바다를 메우지 않고 생태체험을 하는 것 가운데 어떤 게 더 이득일까.

거기, 가봅디가?   143

개발은 계속되고 있다. 제주에서 가장 큰 갯벌을 보유한 성산포 바다도 메워지는 신세만을 기다리는 중이다.

그러고 보니 제주바다에도 갯벌이 있던가?

물론 있다. 작지만 갯벌이라고 불릴 만한 바다는 있다. 육지부의 남해안과 서해안 갯벌에는 미치지 못하지만 제주사람들이 즐기기에는 충분하다. 오히려 육지부와는 전혀 다른 맛이 있다.

우린 그런 바다를 조간대라고 부른다. 갯벌을 포함해 밀물과 썰물이 오갈 때 드러내는 바다에 '조간대' 라는 세 글자를 붙여주고 있다. 문제는 언젠가 개발이 진행되면 더이상 보지 못할 공간이 될 수도 있다는 점이다.

조간대는 바닷물이 들어왔다가 그냥 빠져나가는 곳이 아니다. 쓸모없는 바다는 더더욱 아니다. 조간대는 연안습지로 중요성이 매우 크다.

바다를 메우는 일이 현재에서만 가능한 일은 아니다. 과거에도 있어왔다. 조선시대엔 갯벌을 해택 海澤이라고 불렀다. 〈조선왕조실록〉을 참고하면 바다를 메우는 일은 아주 오래전부터 해온 사실임을 알 수 있다. 세종 8년(1426) "권근이 평택현의 해택 海澤을 받아 방죽을 쌓고 밭을 만들고…"라는 기록이 나온다. 현재처럼 조직적으로 개간을 하진 않았으나

세금을 거두기 위해, 빈민들을 위해 바다를 개척해 왔다.

바다는 예전이나 지금이나 개척의 대상이었지 그다지 중요하게 생각
하지는 않았다. 영어권에서도 '습지(wetland)'를 '못 쓰는 땅(wasteland)'
으로 부르며 개발을 해왔다. 우리도 마찬가지였다.

습지가 관심의 대상으로 떠오른 건 1970년대다. 1971년 람사협약이 체
결돼 습지보존의 길을 텄으며, 우리나라는 1997년 람사협약에 가입하면
서 습지의 중요성을 인지하기 시작했다.

연안습지인 조간대는 어린 물고기와 갑각류가 안전하게 클 수 있는 장

소인 것은 물론, 산란장의 역할과 환경을 정화하는 기능을 한다. 더욱이 사람들에게 보고 느끼는 즐거움을 주는 기능을 빼놓아서는 안 된다.

조간대는 여러 생물이 살아가는 중간다리 역할도 한다. 희귀한 철새들을 볼 수 있는 곳 역시 조간대를 포함한 습지로, 이곳이 사라지면 희귀한 생물의 멸망을 뜻한다. 궁극적으로는 인간과 자연의 공존에 치명타를 줄 수도 있다.

성산읍 오조리 바닷가. 맨발에 느껴오는 감촉이 좋다. 육지부의 미끈한 갯벌과는 느낌이 다르다. 다소 까칠하다. 그러나 발과 바닥 사이에 수막이 생겨서인지 거친 질감은 그다지 느껴지지 않는다. 오히려 성산일출봉을 바라보며 체험할 수 있다는 점이 좋다.

이곳에서는 수많은 갯고둥이 사람들을 맞이한다. 갯고둥 외에도 갖가지 생물들이 있다. 갯벌을 조금만 훑어도 바지락, 새우, 갯지렁이, 게 등이 눈에 들어온다.

오조리에서 제주시 방면으로 향하면 잘 펼쳐진 조간대가 많다. 해안도로를 끼고 있기에 찾기가 무척 쉽다. 성산읍 시흥리와 구좌읍 종달리의 조간대도 일품이다.

그러나 조간대 곳곳이 어지럽다. 파래더미가 해안을 덮치고 있다. 또한 개설된 해안도로가 조간대를 뚫고 지나가는가 하면, 바다로 길게 이어진 방파제 역시 물의 흐름을 막고 있다. 생명을 낳고 보존하고 있는 조간대가 인간의 개발에 의해 무너지는 현장들이다.

마을사랑을 가르쳐준 곳

나지막이 들려온다
천연림의 숲은
시름을 모두 날려 보낸다

젊은이들은 떠난다. 고향인 농촌을 등지고 도시로 도시로 몰려든다. 숱한 마을들이 그렇게 해서 정체성을 잃고 헤매기만 한다. 허리 굽혀 일하는 어르신들만 남은 농촌 마을의 흔한 풍경이다. 왜 그렇게 된 것일까. 거기엔 '배움의 장소'가 없는 마을들이 많기 때문이다.

우리네 '배움의 장소'는 초등학교로 대변된다. 어느 마을을 가나 초등학교는 한 마을을 지탱하는 구심점 역할을 한다. 정부는 '작은 학교'를 죽이고 '큰 학교'를 만드는 정책에 혈안이 돼왔다. 그런 정부의 정책에 따라 희생된 학교는 헤아릴 수 없이 많다. 그 희생은 한 학교만을 사라지게 한 것이 아니라, 작은 마을을 공동화시킨 주범이기도 하다.

거기에 과감하게 반기를 든 마을이 있다. 제주시 애월읍 납읍리가 바로 그런 마을이다. 1991년 납읍초등학교는 분교장 격하 통보를 받았다. 교육에 대한 자부심만큼은 제주 다른 어느 마을보다도 강한 납읍이었기에 이를 받아들이기 힘들었다.

분교 격하를 막자는 마을 주민들은 제주시 동洞지역에 사는 학생들을 납읍리로 통학시키면서까지 학교 살리기에 안간힘을 썼다. 그러나 최선의 처방이 될 수 없었다. 그럴 것이 아니라 아예 납읍리로 주민들을 끌어

들이자는 제안이 나왔으며, 수억 원의 성금을 모금해 마을 자체에서 임대주택을 만드는 획기적인 사업을 벌였다. 납읍리 출신이 아니어도 이 사업제안을 받아들였다. 소위 '육지'라고 하는 외지인들도 당당히 납읍리 주민들이 됐다. 이젠 아이들의 웃음소리가 끊이지 않는다. 납읍리는 그런 기나긴 고난을 거듭한 끝에 영원히 사라지지 않는 그들만의 배움의 장소를 지키게 됐다.

이곳 마을사람들은 이렇게 말한다. "학교를 살리지 않았으면 젊은이들은 구경도 못 했을 거야. 문학을 즐기고 좋아하는 납읍인데, 배움의 장소가 없는 마을이 마을이냐."

납읍리가 학교를 살린 마을로 유명한 것은 사실이지만 한 마을에 대규모의 천연림이 있다는 사실이 더 이채롭다. 천연기념물 제 375호인 납읍 난대림지대는 바로 납읍초등학교 앞에 있다. 마치 밀림을 방불케 하는 원시림이다. 제주 곳곳의 울창한 상록수림이 개간·벌채 등으로 세상에서 흔적을 잃고 말았지만 서부지역에서는 유일한, 그것도 마을 바로 곁에 난대림지대가 있다는 사실은 놀랍기만 하다. 거기엔 주민들이 난대림지대를 살리려는 애정이 있었기 때문이다. 마을에서는 이곳을 '금산'이라 부른다.

금산禁山. 말마따나 산의 출입을 통제했다. 왜 금산일까. 풍수지리 얘기를 꺼내지 않을 수 없다. 마을이 생기기 전 금산 일대는 돌무더기였다. 마을이 들어서면서 재난이 일어나기 시작했다. 이곳 개거리동네에서 남쪽으로 바라보면 금악봉이 화체火體로 보여 화재가 종종 일어났다. 불의 재해를 면하기 위해서는 마을에서 금악봉이 보이지 않도록 하는 방법밖에는 없었다. 그래서 소나무를 심기 시작했고, 우마牛馬 출입도 금지했다. 그래서 금산이라는 이름이 붙여졌다.

1940년대 학교를 지을 때 금산에서 나무를 베는 바람에 마을에서 금악봉이 눈에 들어와 화재가 발생하기도 했다고 한다.

마을사람들이 전하는 이 얘기는 납읍 주민들의 자연사랑이 어느 정도였는지를 보여준다. 마을 주민들이 금산을 보호해야 한다는 악착같은 애정 덕분에 이곳은 아열대식물이 자라는 원시의 경관을 그대로 보여주고 있다. 경관이 수려하고 아름답기에 1950년대부터는 금산錦山이라는 이름으로 바꿔 부르고 있다.

금산공원에 곧장 들어서면 좌우로 두 개의 정자가 있다. 왼쪽에 인상정仁庠亭, 오른쪽에 송석대松石臺가 자리 잡고 있다. 누각을 올리는 대신 길게 나뭇가지를 뻗은 나무가 지붕 역할을 대신하고 있다.

두 곳의 정자는 예전 동네 서당에서 글깨나 읽는다는 인재들이 몰려들어 학문을 나눈 곳이다. 이들 정자를 지나면 본격적인 원시림을 만나게 된다.

발아래 보이는 건 포근한 낙엽과 도톨이들이다. 하늘을 바라보면 늘 푸른 나무만 눈에 들어온다. 후박나무, 종가시나무, 메밀잣밤나무, 아왜나무 등이 금산에서 자라고 있다. 식물에 대해 문외한이라는 점이 다소 아쉽지만, 눈에 들어오는 것 모두가 세상의 시름을 잊게 만든다.

원시림 그대로임을 보여주는 장면들이 곳곳에 있다. 나무 위에는 난이 피어올랐다. 덩굴식물 또한 나무를 감싸안고 하늘 끝이 어딘지 모르게 오르기만 한다. 이들이 서로 뒤엉켜 있으면서도 존재하는 이유는 공생을 터득했기 때문일 테다.

숲길을 더 걸어 들어가면 금산공원 한가운데 성처럼 자연석을 쌓아올린 울타리를 만난다. 계단을 따라 올라가면 포제단이 있다. 제주도 무형문화재로 지정된 곳으로 원형이 잘 보존돼 있다.

이곳 포제단은 다른 곳과 달리 세 신위를 모신다는 점이 특징이다. 오른쪽에 포신단이 있으며, 북쪽에 서신단과 토신단이 나란히 놓여 있다.

포제단은 마을사람들의 번영을 비는 곳인데, 그와 더불어 서신을 포제의 대상으로 삼았다는 사실은 마을사람들이 홍역의 악질에 걸리지 말아달라는 간곡한 기원이 담겨 있다. 그러나 의학의 발달로 '작은 마마'라고 불리던 홍역의 위세가 꺾여서인지 마을사람들은 더이상 서신을 모시지는 않는다.

고통의 산물 '눈꽃' 그야말로 일품이네

한라산에선 하늘을 느낀다
그의 이름이 하늘이기에

한라산 설경 ⓒ제주관광공사

사람은 하늘의 그림자에 지나지 않는다. 왜냐하면 사람은 세상의 작은 존재일 뿐이기에 그렇다. 노산 이은상은 한라산을 오르며, 한라산으로 간다는 말이 무슨 말인지를 읊었다.

"이 섬에 들어와서부터는 어디나 한라산이니 가다가 서 보아도 한라산이요, 한 바퀴 돌아보아도 또 거기가 한라산이요, 힘껏 벗어나려고 숨어보려고 굴속으로 들어가 보아도 한라산인데…"

한라산은 이은상이 그랬듯이 제주도에 삶을 틀고 있는 존재라면 한라산의 그늘을 벗어나지 못한다. 그런데 굳이 한라산으로 가려는 이유는 무언가. 이은상이 물음표를 던지며 얻은 해답은 한라산은 하늘이었다. 한라漢拏, 즉 은하수雲漢를 잡아당긴다拏는 뜻대로 한라산은 하늘 가까이 있는 산이다. 이은상은 하늘의 그림자에 불과한 한 인간이 되어 한라산에 올랐고, 우리 역시 하늘을 마주하려고 한라산에 오른다. 그렇다면 한라산은 '하늘산' 인 셈이다.

제주사람은 그러나 하늘산인 한라산에 무뎌져 있다. 한라산은 멀리서도, 보고 싶지 않더라도 눈에 들어온다. 너무 눈에 익었다. 뭍사람들은 기를 쓰고서 오르려는데 제주사람들은 별 반응이 없다. 한라산은 히말라야를 정복하기 위해 반드시 거쳐야 하는 중요한 곳임에도 말이다. 사실 히

거기, 가봅디가? 159

말라야 등정을 준비하는 이들은 한라산에서 훈련하며 설산을 정복할 도전을 꿈꾼다.

한라산은 하늘이라 했으니 한번쯤 하늘을 가까이에 품어보자. 한라산이 누이 같고, 어머니 같다고 관심 밖으로 내몰지는 말자. 한라산이 애인이라면 그렇지는 않겠지.

하늘 같은 한라산에 오르면 우리는 더이상 하늘에 가리운 그림자가 되지 않는다. 하늘과 같은 산. 손을 내밀어 산을 잡고, 하늘을 잡고 싶다면 한라산을 찾자. 선인들은 한라산에 오르려 3박4일을 넘는 시간을 공들였다지만, 지금 한라산은 애인 곁에 다가가듯 쉽게 만날 수 있지 않은가.

특히 한라산의 매력은 겨울에 있다. 산에 있는 사람들은 대설주의보를 폭설주의보라 부른다. 산에서 맞는 눈은 우리가 느끼지 못하는 장대함과 위엄이 도사려 있기에 그럴 것이다. 대설주의보가 해제된 뒤 한라산을 오르는 이는 없다. 산에 오르는 이는 노루 외에는 없다. 아무도 밟아보지 않은 눈길을 걷는 기분은 상상을 초월한다. 그럼에도 러셀(등산할 때 앞서가는 사람이 눈을 밟아 다져가면서 나아가는 일)을 해야 한다. 바로 개척자의 몫이다.

러셀은 누구에게나 주어지는 일은 아니다. 대설주의보가 내려지면 도

관음사 코스를 택한다. 성판악 코스는 한라산 동쪽 주능선으로 다소 밋밋하지만 힘들지 않고 편안하게 오를 수 있다. 관음사 코스는 한라산의 능선과 계곡 등 깊은 맛을 느끼며 등산할 수 있다.

정상을 굳이 가지 않는다면 어리목으로 올라 영실로 내려오는 코스를 권하고 싶다. 어리목은 한라산의 서북 방면이어서 겨울철 계절풍을 곧바로 받는다. 따라서 오를 때는 바람을 등지며 갈 수 있지만 내려올 때는 바람을 맞아야 한다. 그렇기 때문에 어리목 코스를 이용해 오른 뒤 서남 방면의 영실 코스로 내려오면 바람도 피하고 겨울 산행의 여러 느낌도 함께 감상할 수 있다.

한라산은 겨울이 좋다. 요즘은 한라산을 오르는 이들이 너무 많아 탈이긴 하지만. 한라산이 덜 아프게, 오르는 이들을 통제하는 방법은 없을까.

한라산 ⓒ제주관광공사

생명의 보고

사나운 겨울에도
푸릇함과 따뜻함 '가득'

겨울철 곶자왈

곳
자
왈

생명의 숲엘 들렀다. 우린 그곳을 곳자왈이라 한다.

바람 많은 섬 제주도. 겨울은 매우 차다. 사람들은 대한민국의 가장 남쪽이니, 따뜻하겠거니 하면서 찾지만 큰일 날 생각이다. 제주도의 겨울을 한번 느껴봐야 한다. 눈이 날릴 때는 더욱 그렇다. 제주의 눈은 '소복' 이라는 단어가 없다. 살포시 내려앉지 않고 마구 얼굴을 때린다. 사방팔방으로 얼굴을 때린다. 눈이 그러고 싶어서 하는 행위는 아니지만, 바람 때문에 어쩔 수 없이 눈은 사람을 강하게 때린다. 그래서 제주의 겨울은 춥다. 특히 북서계절풍이 강하게 밀려오는 제주시는 더더욱 그렇다.

하지만 겨울 곳자왈은 다르다. 제주라는 섬의 겨울이 사납도록 춥더라도 곳자왈에 가면 찬 겨울과 대비되는 푸릇함과 따뜻함이 가득하다. 칼바람이 부는 추운 날이라도 곳자왈에선 춥다고 말하지 않는다. 거리와 들엔 앙상한 가지를 남긴 나무들만 우릴 응시하지만, 곳자왈엔 파릇파릇한 손을 내미는 나무들이 세상을 지배하고 있다. 게다가 곳자왈 바닥에 푸른색을 고이 간직한 고사리 등 양치식물이 자리를 트고 있어 계절감각을 잊게 만든다.

곳자왈은 〈제주어사전〉에 '나무와 덩굴 따위가 마구 헝클어져 수풀같이 어수선하게 된 곳' 이라고 서술되어 있다. 그러나 곳자왈은 단순한 수풀이 아니다. 곶자왈을 밖에서 보면 평범한 숲을 닮아 보이지만 그 속으로 들어가면 크고 작은 용암에 의해 형성된 암석들로 움푹 파이거나 깊고 얕은 골이 나 있고, 굴곡이 심한 함몰지형의 연속이다. 제주도에서만 볼 수 있는 유일한 풍경이다. 이런 곶자왈은 크게 △한경-안덕 곶자왈 △조천-함덕 곶자왈 △애월 곶자왈 △구좌-성산 곶자왈 등 4곳으로 나뉘며, 용암 흐름에 따라 10개 지역으로 다시 구분된다.

곶자왈은 지금까지 잘 살아남았다. 돌밭이라서 목장으로도, 농지로도 쓸 수 없었기에 생명의 숲을 유지할 수 있었다. 사람들은 오래전부터 살아왔지만 곶자왈을 쉽게 찾기도 힘들뿐더러, 대규모 벌목은 더더욱 어려웠다.

하지만 점차 곶자왈에 파괴의 손길이 미치고 있다. 기계를 동원한 힘이 사람과 자연이 수백 년간 일군 그 땅을 밀어붙이려 한다. 우리 조상들

제주 곶자왈 분포도

은 기껏해야 땔감으로 쓴다며 나무를 자른 게 고작이었는데 말이다.

곳자왈은 그 자체가 생명이면서 제주인의 곁에 고이 숨쉬는 생명체다. 금산공원처럼 우리 조상들이 돌밭에 나무를 심어다 만들어둔 곳자왈도 있다. 곳자왈은 대부분 바위로 구성돼 있다. 상식적으로 흙이 있어야 생명이 자라지만 돌밭인 곳자왈에서 많은 생명들이 움트고 있다는 사실만으로도 신기하다. 돌 지형이기에 빗물은 밑으로 스며들고, 그 밑에 있던 수분이 올라와 이곳 곳자왈을 따뜻하게 유지시킨다. 곳자왈의 식생 가운데 특징적인 것은 나무 밑둥이 잘린 그루터기에서 곁가지가 자라난다는 점이다. 1970년대까지 땔감으로 나무를 쓰면서 이들 나무를 벴으며, 이후 맹아림이 자라나 기묘한 형태의 모습을 뽐내고 있다.

함몰지형이라서 외부와는 10도 이상의 기온 차이가 나곤 한다. 그래서 겨울철에도 따뜻하고 나무들이 파릇하기만 하다. 식생의 다양함은 더 말할 필요도 없다. 2005년엔 곳자왈을 지키는 사람들의 모임인 '곳자왈사람들'이 출범하여 곳자왈을 지키는 선봉 역할을 하고 있다.

만일 곳자왈에 간다면 지켜야 할 게 있다. 무릇 예의가 있어야 한다. 옛 어른들의 숨소리를 우선 들어보려는 여유를 가져야 한다. 쓸모없는 땅이 '생명의 땅', '생명의 보고寶庫'라고 불리는 이유들을 느껴보면 좋다. 더

욱 중요한 건 눈으로 봐야지 손으로 마구 할퀴어서는 안 된다. 코로는 곶
자왈의 향기를, 귀로는 곶자왈의 숨소리를 들어야 한다. 곶자왈에서 1분
만이라도 아무 말 없이 가만히 서 있으면 뭔가 가슴에 와 닿는 숨결을 느
낄 수 있다.

곶자왈은 현재 개발 아니 파괴로 한창 치닫고 있지만, 곶자왈은 파괴
가 아닌 공존의 산물이었다. 곶자왈이 파괴해도 되는 곳인지, 아니면 생
명의 숲이라는 이름 그대로 온전하게 보존돼야 하는 곳인지를 알려면 직
접 눈으로 보면 된다. 이제 자신의 마음속에 곶자왈의 지도를 그려보자.
그리고 한번 떠나보자.

추자도

테시폰
(이시돌목장)

석굴암

쾌성개
온평리 포구

노랑굴

추사 유배지

이중섭
문화의 거리

정방폭포

사람과 제주

제주도에 언제부터 사람이 살았을까요
고·양·부 삼성은 단군보다
역사가 오래라는데
사실일까요?
사실 여부를 떠나 그만큼
제주도 사람이 이 땅에 산 건 오래전부터입니다

사람들이 정착을 한 건 신석기시대부터죠
농경의 시작과 더불어 정착이 시작됐으니까요
그런데 가장 오래된 신석기 유적이 제주에 있습니다
그리 따지면 단군보다 오래라는
고·양·부 얘기가 맞는 것도 같습니다

제주도는 이야기가 많은 곳입니다
거친 자연을 이겨내려 한 이들,
제주사람은 아니지만
제주에서 위대한 업적을 이룬 이들도 있습니다
바로 제주도는 사람 사는 섬이기 때문입니다

제주여성의 시조가 도착한 곳

신화 속 삼성三姓이 여기 있구나
전설의 현장이 곳곳에… 꿈이려나
상견례 했던 '왕자의 석' 등 뚜렷

섬 제주는 신화를 말한다. 제주도는 입에서 입으로 전해진 구비문학이 풍성한 그야말로 신들의 섬이다. 심방의 굿에도 신화는 존재한다. 심방의 읊조림은 지금까지도 생생하게 민중들의 귀로, 가슴으로 전해지고 있다. 그런 신들을 주제로 한 신화는 행위를 벌이는 민중들을 만나면서 전설로 탄생한다.

서귀포시 성산읍 온평리, 거기에서 귀중한 전설 하나를 접할 수 있다. 우리에게 너무 익숙한 제주시조인 세 신인神人에 얽힌 '삼성신화'가 온평리의 민중들을 접할 때 현실 이야기인 전설로 변해 있음을 현장에서 읽게 된다.

〈고려사〉는 고·양·부 삼성이 동해변에 떠오른 석함 속에서 나온 벽랑국 공주 셋을 배필로 삼아 자손이 번창했다고 한다. 그때 말과 소도 함께 석함에서 내렸다. 그렇지만 세 신인이 등장하는 신화 속에는 석함이 떠올랐다는 장소가 등장하지 않는다. 단지 옛이야기일 따름이다.

그러나 온평리엔 그 신화가 단순한 이야깃거리가 아니라 민중이 주체가 된 전설로 되살아나 있다. 석함이 떠내려왔다는 곳이 바로 온평리였음을 이곳 땅이며 바위들이 대변한다.

삼성혈에서 솟아난 세 신인이 석함을 보고 쾌성을 질렀다는 '쾌성개',

함에서 나온 세 처녀와 혼인을 맺었다는 '혼인지'를 가본다면 삼성은 단순한 신화가 아니라 사실로 다가온다.

세 신인과 그 신인들이 자손을 번창시키기 위해 백년가약을 맺었다는 현장을 디뎌보자. 우린 너무 흔히 들은 얘기라면서 지나치기 일쑤다. 그러나 우리는 제대로 모르면서 아는 체하다 보니 사실화된 전설의 흔적을 알지 못한다. 신화를 신화 자체로, 전설을 전설 자체로 흘려버리지 않고 그것을 이야기로 만들어 온평리 일대를 밟는다면 자신도 모르게 신인이 된 느낌을 받을지도 모를 일이다. 부부라면 온평리에서 혼인을 한다는 마음으로 디디면 더 좋지 않을까.

벽랑국 세 공주 이야기를 만나려면 물때를 맞춰야 한다. 이야기가 담긴 제주의 흔적을 찾는 이들이라면 물때를 맞춰 가야 한다. 물때를 맞추지 못하면 허탕을 치기 일쑤이다. 벽랑국 세 공주의 이야기를 담은 현장을 더듬으려면 사리 물때(보름과 그믐)가 제격이다.

온평리 바닷가는 쾌성개라 부른다. 세 신인이 이곳에 떠내려온 석함을 보고 쾌성을 질렀다고 해서 붙여진 이름이다. 그 석함이 닿은 포구는 오통이다. 그러나 오통은 한참 헤맨 뒤 나타난다. 팻말이 있는 것도 아니어서, 여기에 사는 이들도 단박에 찾아내지 못하기도 한다.

왕자의 석

혼인지에 있는 굴

벽랑국 세 공주가 목욕재계했다는 '옥탕'

영등굿을 한다는 해녀탈의장 맞은편에 있는 환해장성을 지나 바닷가로 향하면 된다. 쉽게 찾지 못한다는 건 알고 있어야 한다. 허탕을 치더라고 불만을 가질 필요는 없다. 앞서 얘기했듯이 이곳에 사는 이들도 오통을 쉽게 찾는 이들은 많지 않다. 신인이 된 기분으로 이리저리 발길을 옮기며 오통의 흔적을 찾아 나섰다.

오통은 그야말로 특이했다. 사람의 손이 전혀 더해지지 않은 천연포구다. 축항 이전에 온평리 사람들은 오통을 포구로 사용했다. 1960년대까지만 하더라도 충청도 선적이 이곳에 배를 대고 뭍으로 해녀들을 실어 나르기도 했다지 않은가.

전설은 세 처녀가 오통에 내리면서 말과 소도 함께 데려왔다고 했다. 말이 석함에서 내리면서 짚었다는 발굽 흔적이 오통 바위에 뚜렷이 남아 있다. 그러나 물때가 조금(조수가 가장 낮은 때)일 경우 좀체 볼 수 없다.

오통에서 북쪽으로 좀더 가면 세 신인이 처녀들과 상견례를 했다는 '왕자의 석席', 혹은 '의자바위'라고 부르는 공간이 등장한다. 사람들이 앉을 수 있게끔 의자 형상의 바위들이 곳곳에 있다. 이곳에 고을나·양을나·부을나 세 신인이 공주들을 마주보고 얘기했다고 전해진다. '왕자의 석'은 세 신인에 맞게 10년 전까지만 하더라도 의석 3개가 온전하게 있었으나, 어느 태풍인지 몰라도 강한 파도에 이기지 못하고 의석 1개가 떨어져 나갔다. 현재는 2개의 '왕자의 석'이 자리를 틀고 있다.

의자바위에서 북동방향으로 좀더 틀면 마치 욕조와 같은 '옥탕'이 있다. 옷을 갈아입었다는 의미에서 '갱의탕'이라고도 한다. 수심이 1m를 넘으며 바닷물이 빠지면 이곳에 민물만 가득하다. 세 처녀들이 이곳에서 옷을 갈아입고 신인을 맞으러 목욕재계했다고 생각하니 꿈만 같다.

벽랑국 세 공주는 제주에 있는 세 신인과 짝을 찾았다. 모두 짝을 찾았으니 정식으로 가약을 맺는 일만 남았다. 석함에서 나온 궤짝과 말·소 등을 끌고 갔다는 진동산(긴 동산)을 넘어 혼인지로 향해 볼까.

혼인지는 빌레(돌만 있는 땅)에 있는 곳임에도 일년 내내 물이 마르지 않는다. 이곳이 바로 세 신인이 벽랑국 공주와 결혼을 한 곳이다. 물이 있다는 점은 삶의 첫째 조건이 갖춰진 셈이다. 그런데 결혼은 했지만 대체 어디서 살았을까. 혼인지에서 50m가량 동쪽으로 향하면 해답이 나온다. 그곳에 삼신이 살았을 것으로 추정되는 굴이 있다. 이곳에서 토기도 나왔다고 하니 사람들이 생활했던 곳임은 분명하다. 지금은 낙반현상으로 굴이 작아 보이지만 예전에는 3개의 보금자리가 형성돼 있었다고 한다.

제주목사 이형상이 제작한 〈탐라순력도〉에는 온평리가 영혼포迎婚浦라는 이름으로 등장한다. 말 그대로 결혼 상대를 맞이했다는 포구다.

그러나 오통에서 북쪽으로 바닷길을 따라 200m가량 걸어가면 연혼포延婚浦라는 비문이 새겨진 커다란 비석을 만나게 된다. 연延은 맞이한다는 의미보다는 시간을 끈다는 뜻이 더욱 강하다. 아무래도 혼인이라는 의미로 다가오지 않는다. 게다가 연혼포 비석이 세워진 바닷가는 이곳 주민들이 말하는 오통이 아니다. 더구나 배를 댈 수 있는 자연적인 조건이 전혀 갖춰져 있지 않다. 신화는 신화일 뿐이지만 그게 민중의 언어와 녹아들면 사실을 담보로 한 전설이 된다. 그 전설을 제대로 입히려면 '영혼포'인지, '연혼포'인지에 대한 문답이 필요할 텐데, 여전히 그런 물음을 하는 이가 없으니 해답이 나올 리가 없다.

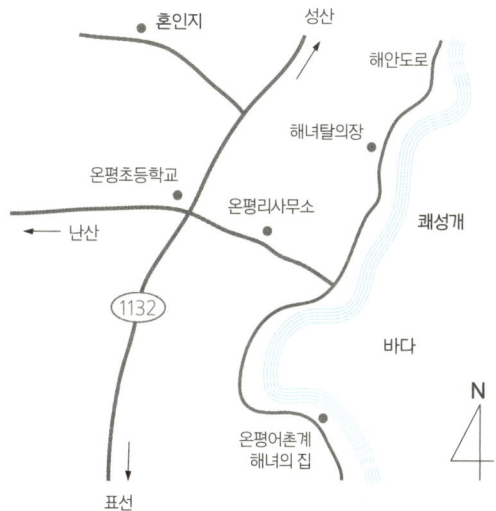

자청비의 신화에 먼저 빠져보자

농사일 접고 잠시 여유 가질 때
더위를 느끼는 물맞이 느낌이야

모든 땅에서 태어난 신화는 솔직히 말하면 평등하다. 때문에 우선은 자기 땅 위에서 나온 신화를 먼저 알아야 한다.

그런 의미에서 자청비를 불러들여야겠다. 자청비는 여신이다. 남성으로 태어날 운명이었지만 여성으로 태어난 여신이다. 자청비는 여성의 강인함과 농경시대 우리가 살아온 이야기를 말하고 있다. 이야기는 너무 길기에 아주 간략하게 옛이야기를 훑어보자.

딸로 태어난 자청비는 열다섯이 된 때 문 도령을 보고 반한다. 남장을 해 문 도령을 깜짝 속이기까지 한 자청비는 문 도령이 장가를 가기 위해 하늘로 올라간다고 하자 목욕을 하면서 자신이 여성임을 밝힌다. 여러 우여곡절을 겪은 끝에 자청비와 문 도령은 결혼에 골인한다.

그러나 삶이 그렇게 쉽지는 않았다. 문 도령을 따라 올라간 하늘나라에서는 문 도령을 죽이려 하고, 자청비가 문 도령을 살려내지만 또 문 도령은 죽임을 당한다. 자청비는 서천꽃밭에서 생명꽃을 얻어와 문 도령을 살린다.

이래저래 해서 자청비는 문 도령과 함께 오곡 씨를 받아 칠월 열나흘에 인간세상으로 내려온다. 그런데 오곡과 함께 가져와야 할 메밀 씨를 잊어 다시 하늘에 가서 가져온다. 때문에 메밀은 시기가 좀 늦게 됐다. 인간세상에 내려온 자청비는 따뜻하게 대해준 곳엔 풍년을, 그렇지 않은 곳에는 흉년을 들게 했다.

이야기를 옮기기엔 너무 길다. 죽었던 이를 살려낸 자청비는 농경신이다. 그건 부활해야만 하는 식물의 특성을 따진다면 농경신으로서 제 역할을 해낸 셈이다. 또한 자청비가 가지고 온 오곡과 메밀 씨는 우리 민족의 농경 기원을 알려주는 이야기다.

신화는 단순한 얘깃거리가 아니다. 무속과 연관이 있다고 내버린다면, 더더욱 그래선 안 된다. 신화는 아주 오래전 자연환경의 모든 현상과 그 당시 사람들이 행했던 일들을 말하고 있다.

음력 7월 보름을 우린 백중이라고 한다. 자청비가 인간세상에 내려온 때가 그날이다. 예전에는 백중 행사가 다양했으나 지금은 거의 사라지고 없다. 지역별로도 백중 때는 여러 행사들이 열렸다. 특히 제주도를 비롯한 전남·경남 지방은 백중날 물맞이를 하는 풍습이 있었다. 백중날의 물맞이는 모든 병이 낫는다고 내건다. 그러나 그보다는 가장 더울 때 물맞이를 통해 더위를 씻어내리고, 가을 추수를 앞두고 잠시 쉬는 시간을 보내려 한 옛 어른들의 지혜가 담겨 있다.

소정방에서 본 서귀포 바다

더운 여름, 옛 사람들은 어떻게 지냈을까. 물론 지금에 비해 덥지는 않았겠지만 그때는 에어컨도 선풍기도 없던 때이니, 당연히 그들은 물로 더위를 달랬다. 7월 보름은 득히 더운 때다. 조상들은 백중 물맞이를 통해 더위를 물리쳤고, 물을 맞으면 모든 병이 낫는다는 얘기도 덧붙였다. 그러면서 우리 조상들은 신화를 끄집어내 이야기로 풀어낸 낭만파들이었다.

백중百中은 백종百種이라고도 한다. 또한 중원中元으로도 부른다. 백종百種은 갖가지 씨앗이란 뜻으로, 농경신 자청비 얘기와 딱 맞아떨어진다. 불가에서는 우란분의 얘기를 꺼내며 중원일에 백 가지의 꽃과 과일을 부처님께 공양하면서 복을 빌었으므로 그날을 백종이라고 한단다.

제주에서는 백중에 물맞이를 즐겼다. 덥기도 했거니와 이땐 농사일을 접고 잠시 쉴 수 있는 때였다. 농경사회에서 음력 7월은 다소 여유가 있다. '어정 7월, 동동 8월'이라는 말이 있다. 어정거리다가 7월이 지나가고, 8월엔 바쁘게 동동거리다가 가버린다는 뜻이다. 이처럼 음력 7월엔 농사일에 여유를 가지게 되고, 그런 여유를 맞아 우리 조상들은 더위를 달랬다. 물을 맞으면 건강해진다는 것도 다 이유가 있는 셈이다. 쉬면서 바빠질 추수를 대비해야 건강할 수 있다는 조상들의 삶의 방식이었다.

물맞이는 어디서 해야 좋을까. 물론 머리 위에서 떨어지는 물이 제격이며, 그중 소정방이 으뜸으로 꼽힌다.

소정방은 글자 그대로 '작은 정방'이다. 바다로 곧장 떨어지는 정방폭포에 빗대어 물줄기가 적기에 '작은 정방'이라 이름을 붙였다. 그러나 정방폭포 바로 곁에 있지는 않다. 예전 이승만 별장이었던 '소라의 성'을 가로질러야 한다. 거기를 지나면 바다로 향하는 계단이 나오고, 이내 푸른빛을 띤 맑은 바다를 만날 수 있다.

소정방으로 내려가다가 계단을 오르는 한 할머니를 만났다. "(물맞이) 효과 이수꽈(있습니까)" 물었더니 "3년째 어깨 부분에 물 맞는데 (효과) 이서(있어)." 그런다.

소정방 물줄기는 바로 남쪽으로 떨어진다. 소정방 곁에 서면 가만히 있기만 해도 찬 기운이 몸속을 파고든다. 물을 맞지 않아도 그 정도인데, 정말 물맞이를 하면 얼마나 버틸 수 있을까. 옷을 홀홀 벗어던지고 소정방 폭포 아래에 서면 채 10초를 버티기도 힘들다.

소정방은 아주 작지만 다양한 사람들이 모여드는 곳이다. 머리에까지 비옷을 걸쳐입고 쏟아지는 폭포수를 감내하는 이들. 가족단위로 찾아 호기심 어린 눈초리를 잔뜩 보내는 이들, 물을 맞을까 말까 고민하며 폭포수 곁에 서서 시간을 보내는 이들, 진짜 백중의 의미를 알라나.

이중섭이 소의 이미지를 완성시킨 곳

솔동산에서 바다로 죽~
내가 본 것은 소남머리였으며
황소가 된 이중섭도 만났다

소남머리에서 본 서귀포 풍경

이
중
섭

우리는 신화를 얘기한다. 신화는 인간 영역이 아니다. 하지만 사람에게도 신화라고 부르는 존재가 있다. 우린 이중섭을 일컬어 신화적인 존재라 한다. 이중섭이 신화가 된 데는 우리네 마음속에 수십 년간 최고의 화가라는 자리를 잃지 않기 때문일 것이다.

어릴 때 기억을 잠시 되살려보자. 초등학교 미술책에 어김없이 나와 있는 이중섭의 〈흰 소〉는 사람의 마음을 부여잡는다. 피카소가 아무리 훌륭하다고 한들, 고흐나 르느와르가 잘 그린다 하지만 이중섭의 황소만큼 글쓴이의 감성을 흔들지는 못했다.

이중섭은 "황소의 눈은 슬프다"고 했다. 이중섭은 어쩌면 사람을 닮은 소를 그리려 했는지 모른다. 그건 민족이라는 이름에 내재된 분노이기도 했다. 살아 있는 듯 소가 거친 숨을 몰아쉬고, 혹 건드리면 바로 달려들 것 같은 생동감이 이중섭의 그림에 있다.

이중섭은 어릴 적부터 소를 자주 그렸으나 그 소의 이미지를 완성시킨 곳은 바로 제주도였다. 최태석의 〈이중섭 평전〉에 따르면 이중섭은 서귀포에 살면서 인근 송씨가 기르는 '이쁜이' 라는 소를 매일같이 쳐다보다 소도둑이 아닐까라는 의심을 사기도 했다고 한다. 이중섭은 훗날 통영에서 살 때 같은 방에 기거하는 이성운에게, 제주도에서 본 소들은 안정감이 있고, 눈빛도 순수해서 자세히 관찰할 수 있었으며, 자신의 소 그림은 제주도에서 큰 틀이 이뤄졌다고 말했다.

신화, 그렇게 얘기되는 이중섭이 서귀포에서 살아 숨쉬고 있다. 황소로 비치는 이중섭은 서귀포에서 어떻게 살았을까. 서귀포시가 국내 최초로 화가 이름을 본떠 1998년 이중섭문화의거리라는 이름을 짓고, 인근에 이중섭미술관과 이중섭공원을 만들었다. 이로써 우린 60년 전 세상을 뜬 최고 화가 이중섭을 바로 곁에서 늘 만나는 행운을 누리게 됐다. 2016년은 이중섭이 태어난 지 100주년이 되는 해이니 더 값지다.

이중섭이 서귀포 시절 살던 곳은 솔동산 일대다. 그는 인근 바닷가인 소남머리까지 애들 손을 이끌고 게를 잡으러 다니곤 했다.

소남머리는 서귀포 사람들에겐 '마음의 고향'으로도 불린다. 서귀포 칠십리 해안을 조망하기에 매우 뛰어난 곳인데다, 걸어서 쉽게 다가갈 수 있는 곳이어서 그러는 게 아닐까. 소나무가 우거진 해안동산. 그래서 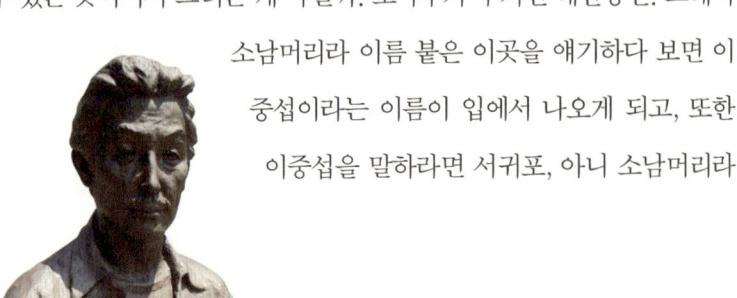 소남머리라 이름 붙은 이곳을 얘기하다 보면 이중섭이라는 이름이 입에서 나오게 되고, 또한 이중섭을 말하라면 서귀포, 아니 소남머리라

는 이름이 입에 자연스럽게 밴다.

서귀포는 좁다. 그런데 자동차로 이동하는 사람들은 곤란하게 느끼는 경우가 많다. 일방통행이 많은 걸 불만으로 터뜨리곤 한다. 도로 폭도 그다지 넓지 않다. 그런 불만을 터뜨린다면 그냥 걸으면 된다. 서귀포 시내는 걸어서 죽 돌아볼 수 있다는 점이 매력적이다. 이중섭이 솔동산에서 소남머리까지 걸어다닌 기분으로 이 일대를 걷는 게 제맛이다.

이중섭은 한국전쟁이 한창이던 1951년 서귀포에서 피난생활에 들어간다. 그해 1월부터 12월까지 솔동산 작은 초가의 2평도 채 안 되는 방에서 네 식구가 살았다. 서귀포시는 이중섭이 살았던 초가를 복원했다. 당시의 모습 그대로 복원된 이 초가는 그의 체취가 묻어 있는 국내 유일의 유적이다. 여기에 놀라운 사실을 하나 더 쓰겠다. 이중섭을 아는 이가 여기 초가에 머물고 있다. 어느새 100세를 바라보는 김순복 할머니. 우리 나이로 96세인 김순복 할머니는 지금도 정정하다. 서귀포시에서 초가를 매입했으나 할머니는 떠나지 않고 있다. 이중섭의 흔적을 끝까지 간직하고 싶어서일까.

이중섭의 체취를 찾는 이들은 이중섭과 함께 지냈던 할머니가 있다는 사실에 깜짝 놀란다. 나이든 할머니이기에 김순복 할머니의 따님인 송경생 씨도 함께하고 있다. 사람이 사는 곳에 관람객이 오가면 불편한 게 하나둘이 아닐 텐데, 이중섭을 지켜주려고 초가를 지키는 할머니와 그 따님이 고맙기만 하다. 덕분에 우린 이중섭을 명확하게 기억하는 할머니도 만날 수 있고, 그를 통해 이중섭을 더욱 가까이에서 만나게 된다.

당시 골방 생활이었으나 부인 야마모토 마사코(한국명 이덕남) 씨는 그때가 가장 행복했다고 전한다. 이는 현재 남아 있는 이중섭의 작품에서도 읽을 수 있다.

특히 소남머리 일대를 소재로 그림 몇 점을 남겨뒀다. 〈섶섬이 보이는 풍경〉은 자신이 살던 곳에서 바라본 서귀포를 사실적인 화풍으로 그려냈다. 그 그림에 나타난 팽나무 두 그루는 지금도 그 자리를 지키고 서 있다.

초가에서 소남머리까지는 걸어서 채 20분도 걸리지 않는다. 이중섭은 현재 이중섭문화의거리와 초가 동쪽으로 난 돌담길을 따라 소남머리까지 걸어다니곤 했다고 한다. 소남머리에 바로 붙은 자구리 해안까지 가족을 이끌고 갔던 기억을 이중섭은 작품으로 남겨둔 것이다. 소남머리에 간 이중섭은 어떤 마음이었을까.

소남머리엔 전망대가 자리잡고 있다. 동쪽으로 정방폭포 해안, 검은

소남머리에서 바라본 섶섬

이중섭이 아이들을 데리고 소남머리로 걸어가던 길

여, 보목동 끝자락이 보인다. 섶섬은 보목리와 닿을 듯하다. 여기에선 새벽의 환희와 저녁 즈음의 장관이 함께한다. 새벽 일찍 섶섬과 보목동 사이에서 붉은 해가 떠오르는 것을 목격하게 된다. 저녁 노을도 멋지다. 해 뜨는 곳에서 웬 노을이라 싶겠지만 해넘이에 비치는 붉은 기운은 섶섬 일대를 고운 색으로 수놓는다.

서귀포는 걸어야 제맛이라고 했겠다. 소남머리에서 칠십리길을 따라 서쪽으로 천지연폭포까지 걸으면서 묵상에 잠기는 그 맛도 빼놓을 수 없다. 이중섭도 그 길을 걸었는지 알 수는 없지만.

이중섭의 제주 생활은 잠시였다. 하지만 잠시 동안의 기억은 '잠시'가 아니었다. 앞서 〈흰 소〉를 얘기한 것처럼 현재 우리가 바라보는 이중섭을 만들어준 건 제주도였다. 제주를 뜬 이중섭은 가족과 헤어진 뒤 서귀포에서의 행복했던 기억을 편지에 동봉해 가족에게 보내기도 했다고 한다. 〈그리운 제주도 풍경〉이라고 쓰여 있는 그 그림에는 섶섬과 문섬이 보이며, 해안에서 게를 잡는 천진난만한 아이들의 모습도 담겨 있다.

차로 시작된 초의선사와의 인연

이보게
사랑하는 사람 위해
차 한잔 우려주려나

추사 유배지

추사 김정희. 서예가이면서 금석학자이기도 하다. 추사는 김경연과 함께 북한산에 있던 진흥왕순수비를 판독하기도 했다. 김경연이 어느날 추사를 찾았다. "추사의 적수를 만났어. 한번 만나보지 않겠냐?"며 추사를 들쑤셨다. 그것도 양반도 상인도 아닌, 중이란다. 대체 산에 있는 중이 어떻게 추사의 적수가 될 수 있으려나. 김경연의 말은 이어진다. 다산 정약용과 차※로 친분을 쌓는다는 거였다. 그 말에 추사는 귀를 쫑긋한다. 김경연이 읊은 그 스님이 우리의 차 문화를 정립시킨 초의선사다.

추사는 초의선사와의 만남에 앞서 중국을 들락날락하며 차 문화에 대한 관심이 높았던 때였고, 초의라는 인물을 만난 뒤 한국차의 새로운 멋에 심취하게 된다. 추사는 툭하면 서찰을 보내 초의더러 차를 보내주기를 수없이 요구할 정도로 차에 대한 열정이 대단했다.

"초의, 차가 떨어져 초의 차를 못 마시니 혓바늘이 돋고 정신이 멍해지네. 빨리 보내지 않으면 차밭을 모두 밟아버리겠다."며 농담 어린 협박(?)까지 할 정도로 둘의 친분은 돈독했다.

그것도 가까운 지역이면 몰라도 추사가 있는 곳은 서울인 한양이요, 초의가 머물던 일지암은 땅끝 해남에 있으니 천리나 되는 먼 길이다. 그럼에도 초의는 추사의 협박에 선뜻 굴하며 차를 보내주곤 했다.

동갑내기 둘의 친분은 유배라는 형벌도 막지 못했다. 권세다툼에 휘말린 추사는 제주도에 갇히는 신세가 되지만, 초의는 제주까지 내려와 차나무를 심어주는 등 차로 맺은 인연은 끝날 줄을 모르고 계속된다.

독보적인 추사체로 빛나는 추사였지만, 그는 차에 관해서도 일가견이 있는 다인茶人이다. 추사는 매번 차를 보내주는 보답으로 초의에게 '명선茗禪'이라는 글을 준다. 차를 들면 선정禪定에 든다는 말이니 차에 심취하지 않고서 어떻게 그런 글을 쓸 수 있을까. 또한 추사는 승설차의 이름을 본떠 자신의 호를 승설학인이라 부르기도 했다.

먼 유배지, 기나긴 유배생활. 추사는 서귀포시 대정에서 9년이라는 긴 세월을 보낸다. 자유로운 몸이 아니라 가시나무 울타리 안에 갇히는 위리안치였다. 대정읍에 가면 추사가 유배생활을 했던 적거지가 있다. 세상이 한번쯤 바뀔 정도의 긴 시간 동안 추사는 그렇게 대정의 초가에 웅크리고 있었다. 추사는 초의가 심어준 차나무에서 곡우(양력 4월 20일께)가 지나면 찻잎을 따다 덖는 일을 했을 테다. 따뜻한 물에 우려내 미소를 머금고 한잔 한잔 마시는 사이에 추사체는 빛을 발하지 않았을까.

추사 유배지는 추사가 제주 유배생활을 하며 두 번째로 기거한 곳이다. 낮은 초가는 추사체를 완성한 거두와는 어울리지 않는 듯하지만 위

추사 유배지의 탱자 열매

추사관 1층에서 만난 추사 흉상

리안치된 삶 자체가 추사체를 일궜다면 역설일까. 그렇다고 위리안치가 사람간의 이동을 막은 건 아니다. 유배의 한 형태인 위리안치는 사람의 이동을 막곤 했지만 제주 유배와 육지부 유배는 차이가 있다. 육지부 위리안치는 사람의 이동을 차단하는 역할이 강했으나 제주도는 그렇지 않았다. 추사는 형식적으로는 위리안치를 당하면서도 사람들과 잦은 인연을 이어갔다.

추사가 기거하던 초가에서는 산방산과 단산이 형제처럼 나란히 서 있는 게 보인다. 산방산과 단산의 눈높이에 있는 하늘, 초가 주변을 가리는 가시울타리. 글에 대한 강한 집념은 거기서 나왔다고 해도 과언이 아니다. 추사체는 제주 바람처럼 거칠기도, 현무암처럼 투박하기도 하다. 추사체가 제주 유배 시절 완성됐다고 하는 걸 보면 제주 자연을 닮은 것은 당연해 보인다.

추사관은 예전에 있던 기념관을 헐고 새로 세웠다. 예전 건물은 제주 출신 유명 건축가의 작품이었으나 허물어졌고, 그 땅 위에 우리나라에서 알아주는 승효상의 작품이 세워졌다. 아이러니하지만 그렇다. 승효상의 추사관은 추사의 가장 유명한 작품을 연상시킨다.

추사관에 들어가면 바로 그 유명한 작품인 〈세한도〉가 눈에 들어온다. 승효상의 작품은 그걸 모티브로 했다. 〈세한도〉는 의연히 버티고 있는 소나무와 초라한 집을 그렸다. 담백한 모습이다. "찬 겨울이 지난 뒤에야 소나무와 잣나무의 변치 않는 빛깔을 안다(歲寒然後 知松柏之後凋)"는 내용이 담겨 있다. 그의 제자인 이상적에게 그려서 보냈다고는 하지만 오히려 시종일관 그대로인 추사 자신의 모습을 빼닮았다.

제주의 어머니

그녀들은 바다를 택했다
남편을 지키고
식솔들을 살리기 위해

테왁(해녀가 물질을 할 때 가슴에 받쳐 몸이 뜨게 하는 공 모양의 기구)을 걸메거나 품에 안고, 한 손엔 까꾸리를 들기도 했다. 머리엔 하얀 물수건을 쓴 무리들. 하나둘 서귀포 앞바다에 떠 있는 문섬을 향해 몸을 던진다. 오래된 사진이어서일까, 아니면 흑백의 풍경이라는 점 때문일까. 만농 홍정표 선생 사진집 속의 해녀들은 한결같이 멋있어 보인다. 그러나 그건 사진 한 컷 속의 환상일 뿐이다. 해녀들에게 바다는 삶을 이어가야 할 투쟁의 대상이었으며, 무리 지어가는 풍경 또한 애틋함이 서려 있는 단편일 뿐이다.

그들이 바다를 택한 이유는 다른 데 있다. 바다가 변치 않듯 그들은 수백 년을 변함없이 바다와 함께 해왔다. 해녀의 역사성은 오래다. 수탈의 역사에 맞서 이겨내려는 제주 여성의 끈기가 있다.

척박한 땅 제주에서 나와봐야 뭐가 나올까. 그러나 갖가지 조세는 우리 제주민들을 압박했다. 그래서 척박한 땅과 함께 바다 또한 밭으로 일구게 됐다. 해녀들은 밭에서 검질(풀)을 매다가도, 물질을 할 시간이면 무리를 지어 바다로 나갔다. 그래야만 남편도 지키고, 식솔들도 온전히 먹여살릴 수 있었다. 그런 자맥질은 계절도 가리지 않는다. 추운 겨울이라도, 눈이 오더라도 계속됐다. 세종 25년(1443) 기건 목사는 전복을 따는 그들의 고통을 보고는 재임기간 중 전복을 밥상에 올리지 못하도록 했을 정도였다.

일제 때부터는 돈을 벌기 위해 뭍으로도 몸을 던졌다. 혹은 이웃 일본 '바다 원정'도 계속됐다. 봄이 되기 전 시작되는 원정은 8월까지 이어졌다. 바다 위에서 그들은 고향을 그리며 이렇게 노래를 부르기도 했다. "어뜩 7월/동동 8월/어서나 빨리/돌아나오라". 7월이 빨리 물러가고 8월이 돼 고향 제주에 가고 싶음을 이런 가락으로 달래곤 했다.

차가운 겨울. 물소중이(해녀들의 작업복)만 입던 당시, 물에서 나온 그들은 뚜데기(방한용 숄)를 걸치고 불턱에서 시린 몸을 달랬다. 소금기가 바짝 말라버리면 그들의 몸은 뱀살처럼 이지러지는 모습이 되기 일쑤였다. 한때는 멸시의 대상이던 그들. 몇 백 년의 세월이 한참 흐른 뒤에야 그들은 제주의 상징이 됐다. 그러나 우리가 해녀를 볼 날은 그다지 많지 않다.

17세 때 시집 온 양삼옥 할머니. 얼마 전 세상을 떴다. 고(故) 양삼옥 할머니의 벗은 바다였다. 물질을 했던 이는 양삼옥 할머니처럼 바다를 벗으로 알고 지낸다. 아파도 바다로 향하고, 나이가 들어 허리가 휘어도 바다로 간다. 나이든 해녀들은 '할망바당'에 나선다. 벌어들이는 건 다른 젊은 해녀들에 비해 적더라도 그의 몸에서 바다를 떼어내지 못한다. 일제의 압박이 성성하던 시절, 양 할머니는 먼 바다로 물질을 나서곤 했다.

지금은 북한 땅이 된 황해도 옹진까지 오가며 제주인의 끈기를 뭍사람들에게 전하기도 했단다. 양 할머니가 그렇듯 해녀는 대물림돼 왔으나 이젠 바다로 나서는 젊은이들이 거의 없다. 글쓴이는 생전 양 할머니를 뵙고 이런 얘기를 나눈 기억이 있다.

"앞으로 저 바다는 어떻게 될 것 닮으꽈(같아요)?"

양 할머니의 답은 이랬다. "20년이나 갈까."

제주 해녀海女. 그들은 스스로를 어떻게 부를까. '좀녀潛女' 혹은 '좀네'로 부른다. '좀수'로 부르기도 한다. 애초에 제주에서 물질을 하는 여성을 해녀라고 부르지는 않았다.

〈조선왕조실록〉을 들여다봐도 그렇다. 〈조선왕조실록〉 숙종 28년 기록을 보면 '좀녀'라는 기록이 나온다. 이때 좀녀는 배를 부리는 남자의 아내로, 부부 모두 심한 부역을 해야 하는 실태가 나온다. 남자는 20필을, 여자는 7~8필을 내는 등 부부가 내는 부역의 심각성을 기록해 놓았다.

〈조선왕조실록〉에 '해녀'라는 단어는 단 한 차례 등장한다. 이때 해녀는 제주의 여성을 말하는 단어가 아니다. 동래부(지금의 부산)에 설치된

왜관을 상대로 생선과 채소를 파는 이들을 가리켜 해녀라는 표현을 쓰고 있다.

어쨌든 제주에서 해녀라는 단어는 애당초 없었다. 물질의 의미를 들여다본다면 해녀 스스로가 말하는 '좀녀' 가 직업으로서의 물질 행위에 보다 가깝다. '좀녀' 로 쓰는 한자는 물질을 하는 기본 요소인 잠수 행위가 포함돼 있기 때문이다. 그러나 그들 사이에서는 '좀녀' 이지만 뭇사람들에겐 '해녀' 가 익숙해져 버렸다. 사회적 언어가 돼버린 '해녀' 를 받아들일 수밖에 없게 됐다. 고유 제주어가 사라진다니 너무 아쉽다.

해녀들은 특이한 존재이다. 일반인들이 흉내낼 수 없는 잠수를 특권같이 했기에 세상사람들의 눈에는 희귀한 존재로 보였다. 거기엔 해산물 채취가 생명과도 바꿀 수 없는 중요한 것이었기에 수십 미터의 바닷속으로 들어갔다. 그들이 노를 저으며 바다로 나갈 때 부르는 노랫말 가운데 "배또롱(배꼽)은 넘(남)을 준들 요넘(노)은 못 준다"고 할 만큼 바다는 소중한 존재였다.

바다에서 보이는 해녀는 검다. 돌도 검고, 어떨 때는 바다도 검다. 거기에 물질을 하는 해녀도 검다. 이유는 그들이 입고 있는 옷 때문이다. 검게 보이는 건 그들이 걸친 고무옷이 풍기는 색채이다. 그런데 그들은 고무옷을 입기 전 물소중이라는 옷을 몸에 걸쳤다. 물소중이는 가슴 밑으로

중요 부위를 가리는 옷이었다. 물소중이는 반드시 입어야 하는 옷이었으나, 상체에 걸치는 물적삼이나 머리에 두르는 물수건은 선택이었다. 해녀들이 간직한 물소중이는 최초의 직업복이었으며, 해녀들의 패션감각이 묻어나는 시대의 자화상이었다.

물소중이는 한 번 만들면 닳을 때까지 입을 수 있도록 고안됐으며, 신체조건도 구애받지 않는 특이한 옷이다. 해녀들은 불턱에서 몸을 말리면서 저마다의 패션감각을 얘기하기도 했다. 그래서 문양을 만들어 나름대로 최고의 패션을 뽐내려고 애썼다. 물소중이는 한쪽 방향으로 트임이 돼 있어 입고 벗기에 편하다. 여미는 매듭단추(모작단추)의 매듭고리는 길게 만들어 체형 변화에 능동적으로 대처할 수 있다. 임신을 하더라고 입을 수 있는 옷이었던 것이다.

그러나 세월의 변화는 물소중이를 퇴출시키고 말았다. 지금은 시커먼 고무옷이 물소중이를 대신하고 있다. 대신 얻은 게 있다면 잠수병이다. 고무옷은 물속에서 오래 버틸 수 있는 힘을 안겨줬으나 대신 병病을 갖게 했다.

개는 인간에겐 친숙한 동물이다. 죽어서 저승 갈 때 길을 안내해 준다고 하지 않는가. 인간과 친숙하지 않았다면 그런 말이 나올 리 없다. 해녀들은 물질 도구를 맞출 때 술일戌日을 택한다. 즉 개날 때 물소중이·테와·비창·까꾸리·본조갱이 등을 사들이거나 만들었다. '술일에 바당잇 연장 장만허민 머성 좋다(개날에 바다의 연장을 마련하면 제수가 좋다)'는 말도 있을 정도였다. 개날에 도구를 장만한 데는 개가 순산하며 다산하는 짐승이어서 출산의 풍요를 해산물 채취와 연결시키려는 해녀들의 의지가 숨어 있지 않나 보인다.

해녀들의 도구 가운데 그들의 사고방식을 읽을 수 있는 걸 하나 소개한다. 작은 전복 껍질인 본조갱이가 있다. 해녀들은 잠수로는 으뜸이지만 하염없이 바닷속에 몸을 담가둘 순 없다. 물질을 하다 보면 지치게 마련이고, 숨을 쉬어야 한다. 바다에서 좋은 물건을 봤는데 캐기 힘들면 어찌해야 할까. 그때 쓰는 게 본조갱이다. 해녀들은 미처 캐내지 못한 해산물 곁에 본조갱이를 놔둔다. 그러면 그것을 본 다른 해녀들은 임자가 있는 것으로 알고 건드리지 않는다. 그들만의 불문율이다.

해녀, 그들에겐 얘깃거리가 많다. 다 풀어내지도 못한다. 숱한 한들은 노랫속에 피어오르기도, 강한 몸부림은 일제 때 사상 최대 규모의 항일운동을 일으키기도 했다. 하지만 그들의 얘기는 박물관의 것이 될 날도 머지않은 듯하다. 그 일에 뛰어드는 이들이 없어서다.

박물관? 대체 해녀와 박물관이 무슨 연관인가 싶다. 해녀박물관이라는 게 있긴 하다. 해녀의 삶을 담아낸 박물관이다. 그런데 앞서 얘기한 박물관은 다른 의미이다. 아예 사라져버려 박물관에서만 볼 수도 있다는 말이다. 왜냐고? 지금 해녀를 있는 그대로 바라보면 답이 나온다.

제주해녀는 1956년 당시엔 2만 3,000명에 달했다. 당시 인구로 따져보면 10대를 제외했을 경우 제주여성 3~4명당 1명이 해녀라는 뜻이 된다. 이후 계속 줄어들었다. 1970년은 1만 4,143명, 그러다 2005년엔 5,545명으로 줄었다. 이후 시간이 더 흐른 2014년엔 4,415명으로 줄었다. 문제는 인구연령에 있다. 4,415명 가운데 50세 이상이 4,348명이며, 70세 이상은 무려 2,643명이나 된다. 앞으로 20년? 과연 몇이나 있을까. 그래서 박물관이라 했다.

노동복에서 생활복으로 화려한 변신

검질 매고 노래로 설움 덜고
거기엔 갈옷이 함께했다

갈
옷

가을만 되면 조이삭은 고개를 숙인다. 누가 그렇게 하라고 이르지도 않았지만 조는 세월의 부름에 고개를 숙이는 것으로 답을 했다. 이처럼 예전 제주에서 익숙했던 풍경은 벼가 아니라 조였다.

조로 찰진 밥을 해 먹기 위해서는 좁씨를 뿌리는 게 일이다. 밭에 말이라도 집어넣어 쟁기를 끌게 하면 좋으련만 그렇지 못한 밭은 힘든 따비질의 연속이었다. 우리 아버지 어머니들은 그렇게 일을 하며 현재의 제주를 만들어냈다.

밭일이 얼마나 힘들었던지 제주사람들은 노래로 설움을 달래곤 했다. "검질 짓고 골 너른 밧디 / 검질 줌 조직조직 / 날도 더웁고 더운 날에 / 소리로나 매여나보자"(제주민요 밭매는 소리 일부)라며 노랫가락에 힘든 세월을 흘려보냈다.

밭일은 힘들었지만 동반자가 있었다. 갈옷이다. 우린 태어나서는 배냇저고리를 입고, 죽을 때는 수의를 걸친다. 갈옷은 그렇지 않은, 그러니까 삶의 한가운데 존재했다. 자라면서 일하면서 늘 입던 노동복이면서 생활복이 갈옷이었다.

갈옷은 감을 만나야 빛을 발한다. 제주 토종 풋감을 따다 으깨어 감즙을 낸다. 못 쓰게 된 삼베옷이 등장한다. 삼베옷은 감즙에 흠뻑 젖어들고, 땅을 닮은 색의 새로운 옷이 탄생한다. 그렇게 만들어진 갈옷은 새 생명을 얻은 듯 밭일의 동반자가 됐다. 땀에 절어 검게 변하기도 하지만 흙이 묻어도 묻은 티가 나지 않는 노동복으로는 최고 수준의 옷이었다.

그런데 왜 제주 감이었나. 제주 토양 때문인지 제주 감은 뭍지역 것들과는 다르다. 아기 손만큼, 작은 방울만큼 나무에 달린 감은 단감이 될 겨를도 없다. 상품성으로 치자면 한참 처진다.

그러나 옷을 만나면 제주 감은 달라진다. 제주 감은 특유의 끈적끈적한 탄닌 성분이 있어 제주 갈옷을 빛나게 만든다. 감을 만난 옷감은 매우 질겨져 노동복의 요건 또한 갖추게 된다. 갈옷에는 제주 감이 제격인 이유가 여기에 있다.

갈옷은 생명력도 끈질기다. 옷으로의 수명이 다할 때면 아기포대기, 기저귀, 멍석 등의 떨어진 곳을 깁는 데 사용돼 왔다. 제주 ᄌᆞ냥(절약)정신의 단면이다.

갈옷에 사용될 제주 토종 풋감은 칠월칠석을 전후로 딴 것이 가장 좋다고 한다. 이때가 탄닌 성분이 가장 많기 때문이다. 감은 그날그날 따서 즙을 만들어야 최상의 갈옷을 얻는다. 갈옷은 감물만 들인다고 그냥 만들어지는 것이 아니다. 햇볕과 적당한 바람, 거기에 '정성'이 더해질 때라야 제대로 된 갈옷이 세상사람들을 만나게 된다. 갈옷을 통해 이 땅에서 살아남기 위해 버텨온 제주사람들의 삶의 흔적을 느낄 수 있다.

감즙은 전통염색의 하나다. 전통염색은 자연에서 나는 것들을 쓴다는 점에서 사람들에게는 최고의 옷을 걸치게 해주는 셈이다.

갈옷의 탄생과정을 잠시 알아보자. 풋감을 나무함지박에 넣어 으깨고 찧는 과정에서 즙이 나온다. 감물이 옷감에 골고루 배게끔 주무르고 비벼가며 물을 들인다. 감물을 들인 옷감은 햇볕을 받아야 한다. 3일 정도는 그냥 햇볕을 받게 한다. 햇볕이 좋지 않으면 최상의 갈옷을 얻을 수 없다. 비가 오거나 제대로 말리지 않으면 거무튀튀하게 변한다.

처음에 흰색이던 옷감은 햇볕을 쬐며 은은한 갈색을 띠기 시작한다. 시간이 지나면서 붉은 밤색으로 변한다.

3일간 말린 옷감은 물을 만나고, 다시 말려진다. 이런 과정을 여덟 차례 반복해야 하니 갈천을 만드는 데만 족히 열흘 이상이 걸린다.

공동수돗물을 허벅에 길다
ⓒ만농 홍정표 선생 사진, 제주대학교 박물관

고소리(소줏고리) 술 빚기
ⓒ만농 홍정표 선생 사진, 제주대학교 박물관

수수한 색감의 갈옷은 파스텔톤 느낌으로 심리적 안정감을 준다. 제주 사람들이 만들어낸 갈옷은 어떤 특징을 지녔을까. 최근 갈옷이 인기를 끌면서 감 수요가 모자라 뭍에서 감을 들여오기까지 한다. 그런데 뭍에서 들여온 것은 탄닌 성분이 모자라 풀기가 없다. 탄닌 성분이 많으면 무엇에 좋을까. 그게 많을수록 자외선 차단 등의 효과가 뛰어나다.

감물을 들이는 행위는 천에 코팅을 입히는 과정이나 마찬가지다. 코팅된 갈옷은 발수 효과가 으뜸이다. 발수는 방수와 달리 옷을 숨쉬게 한다. 빗물이 잘 들지 않으면서 공기 소통은 잘 되고, 갈옷을 입고 일하더라도 덥지 않다.

앞서 얘기했듯이 탄닌 성분을 입힌 갈옷은 자외선 차단 효과가 99%에 달한다고 한다. 감의 또 다른 특징을 들라면 항균과 탈취 효과가 있다.

예전 우리 조상들은 감즙을 낸 뒤 남은 찌꺼기로 나무마루를 닦곤 했다. 감즙이 묻은 마루는 좀도 슬지 않고 반질반질하다. 감은 방부제 효과도 있다는 말이다. 노동복으로 땀에 절어도 냄새가 나지 않는 이유는 여기에 있다. 제주도는 다른 지방에 비해 습하다는 점에서, 제주 자연환경에 딱 맞아떨어지는 옷이 갈옷인 것이다.

노동복으로 갈옷이 끝까지 생존한 곳은 제주도뿐이다. 그러나 갈옷은 여전히 삼류로 인식되고 있다. 갈옷을 제대로 만들려면 제주 감이어야 하는데 현실은 그렇지 않다. 물을 타거나 화학염료를 써서 갈색을 만들기도 한다는데, 그건 갈옷이 아니다.

현진숙 제주복식문화연구소장은 "제주사람들이 갈옷을 만든 것은 제주 자연에 순응하기 위한 것이었다. 최근 웰빙 바람과 더불어 갈옷 수요가 늘어나고 있으나 간혹 품질이 떨어지는 제품들이 유통되고 있다."며 "갈옷 품질인증제 등을 도입해 제주 갈옷의 위상을 되찾는 노력들이 필요하다."고 말했다.

제주사람들의 경험으로 만든 제주 갈옷은 노동복을 떠나 생활복으로 업그레이드되고 있다. 그렇다고 노동복의 지위를 완전 박탈당한 건 아니다. 벌초를 하거나 농사일을 할 때 작업복으로 갈옷을 입는 사람이 적지 않다. 글쓴이 역시 벌초를 갈 때면 어머니께서 만들어준 갈옷으로 갈아입는다. 갈옷은 여전히 노동복의 지위를 잃지 않았다.

어린 시절 감을 먹을 때 어머니가 늘 하시던 말씀이 떠오른다. "옷에 떨어지지 않게 조심해라." 어머니 말씀처럼 옷에 감물이 떨어지면 지워지지 않는다. 그게 감물 염색인 줄은 한참 후에야 알았다.

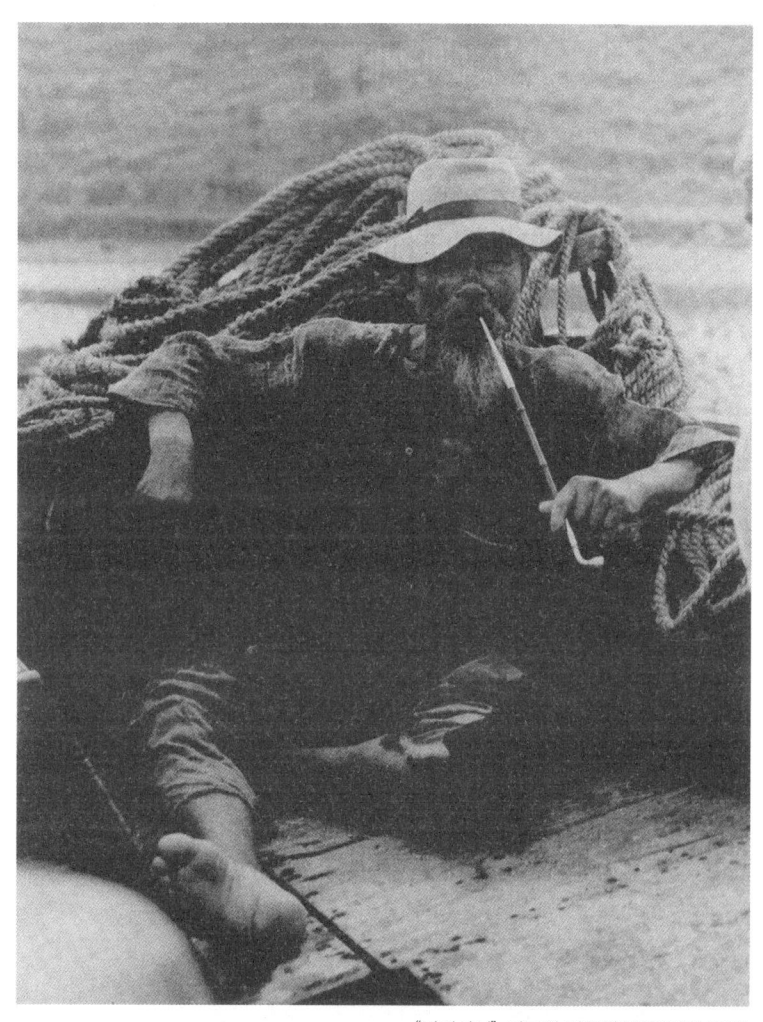

"자리삽서" 어부의 망중한(1950년대 풍경)
ⓒ평단 김홍인 선생 사진, 제주시

제주에서 극진하게 대접받는 생선

기름 차오른 깊은 맛
매년 장마철엔 잊을 수 없어

자리잡이
ⓒ만농 홍정표 선생 사진, 제주대학교 박물관

후루룩 마시는 국거리도 됐다가, 석쇠에 얹혀 노릇노릇 구워 내는 맛깔스런 구이도 된다. 비늘을 벗겨내고 날것으로 한입 쏙 담으면 입안에서부터 퍼지는 기름기가 그야말로 일품이다. 제주사람들은 우리에게 그런 먹을거리를 주는 녀석들을 향해 '자리' 라고 한다.

모슬포 포구는 장마철일 때 절정에 달한다. 새벽녘에 출항한 자릿배들이 한낮을 넘겨 하나둘 포구로 들어올 때는 하나의 시장이라도 된 듯하다.

모슬포는 '방어 한철, 자리 한철' 이라고 부를 정도로, 장마철의 자리 사냥은 지역경제를 지탱하는 버팀목이다. 일본사람들도 일제 당시의 글을 통해 자리를 인정해 왔다.

자리는 제주에서만 양반고기로 대접받는다. 육지사람들은 그걸 먹을 것으로 생각지도 않는다. 자리는 남해안에서도, 울릉도에서도 잡히지만 제주사람들만 그걸 먹을 것으로 생각해 왔다.

그래서 궁금해진다. 제주사람들은 언제부터 자리를 '고기다운 고기' 로 대접했을까. "자리는 언제부터 먹었지요? 자리와 관련된 옛 문헌은 있나요?" 그렇게 물으면 속시원하게 대답하는 이들은 아무도 없다. 다들

이런 말만 한다. "아주 옛날, 할아버지의 할아버지 때부터"라고.

　그래도 한 가지 분명한 사실은 있다. 자리는 그물을 사용하면서 우리가 먹기 시작했다. 커봐야 손바닥만하고, 작은 것은 새끼손가락 정도인데 그것들을 낚시로 한 놈 두 놈 건져 올려 먹을거리로 삼는 건 꿈꾸지 못하기 때문이다. 그렇다면 조선 초까지는 자리를 먹지 않았을 가능성이 높다. 조선 성종 12년(1481년) 때 완간된 〈신증동국여지승람〉엔 제주사람들은 그물로 고기를 잡지 않고, 낚는다고 했다. 이유는 바다가 험해서 그렇단다.

　조선 초만 하더라도 제주사람들의 배 건조술은 당대 최고 수준이었다. 그러나 제주사람들의 발은 묶였다. 조선정부가 제주를 뜨지 말라는 '출륙금지령'을 내렸기 때문이다. 먼 바다로 나서지 못하는 제주사람들은 테우(떼배)를 만들며 삶을 살았다. 테우를 쓰면서 그물로 뜨는 방식으로 자리를 잡았다. 그러고 보니 자리 사냥은 핍박받는 제주사람들의 '살기 위한 선택'이었다. 그 선택이 이젠 우리에게 즐거움을 준다. 자리는 날것으로, 구이로, 젓갈로 우리 제주사람의 품에 남아 있다. 누가 뭐래도 6월엔 자리만한 게 없다.

　제주에서는 '자리'라고 부르지만 그들의 본 이름은 자리돔이다. 맛은 6월 장마철이 최고다. 산란기여서 뼈가 나긋나긋해 뼈째 썰어먹기에 그만이다.

모슬포항의 중심엔 '수발水發 김묘생'의 공덕비가 있다. 수발水發은 김묘생의 호로, 그는 지금의 모슬포항을 북적거리게 만든 인물이다. 1915년 가파도에서 태어난 그는 바다에서의 삶을 단순히 먹고 지내는 것에서 탈피해, 경제적 가치를 끌어내는 삶으로 바꾸어냈다. 27세 때는 제주에서 처음으로 동력선을 구입할 정도로 바다를 지배하려는 욕심이 누구보다도 강했다.

수발이 이 지역 삶에 획기적 변화를 준 건 해방 이후다. 자리 잡는 방식을 개발함으로써 어획고의 증가를 가져왔다. 종전에는 사둘(쪽지그물)로 자리를 떠올렸으나 그는 보조선을 이용한 분기초망을 도입하여 변화를 꾀했다. 분기초망은 큰 배 1척과 보조선 2척이 그물을 펼쳐 고기를 잡는 방식이다. 그러기 위해서는 큰 배에 보조선 2척을 싣고 가 현장에서 보조선을 내려 조업을 한다. 일본말로는 보조선을 '덴마傳馬'라고 부르는데, 이곳 뱃사람들은 아직도 그 말을 쓰고 있다. 어업방식은 일본의 영향을 많이 받았고, 수발이 뿌려둔 흔적이기도 하다.

대정읍 어민들은 1993년 모슬포항에 공덕비를 세우면서 "많은 어획고를 올리게 해준 그 공로는 우리 어민 모두가 찬양해야 한다. 먼 훗날까지 기리고자 빛돌에 뜻을 새겨 전한다."고 했을 정도다.

자릿배 선장은 아무나 하는 것이 아니다. 요즘이야 어선에 프로타(항해표시기)와 어군탐지기가 있어 자리가 많이 나는 곳을 찍어두면 되지만 예전에는 가늠(제주에서는 '가남' 혹은 '개남' 이라 부름)이 뛰어난 선장이 있어야 만선을 기대할 수 있었다. 가늠은 동쪽의 오름과 서쪽의 오름을 기준으로 삼아 눈으로 좌표를 읽어내는 것을 말한다.

가늠을 으뜸으로 치던 세대들은 점점 사라지고 있다. 이젠 기계에 밀리고 있다. 기계의 등장은 어족 자원의 고갈이라는 또 다른 측면도 가져왔다. 예전에 비해 자리잡이의 재미가 없다.

그래도 장마철에 나는 자리의 맛은 최고다. 그중 마라도와 가파도 인근의 자리를 최고로 알아준다. 이곳은 조류가 세기에 육질이 좋은 자리를 생산해 낸다. 그렇지 않다고? 물론 반기를 드는 사람도 있다. 서귀포시 보목 자리가 최고라는 이들의 입장도 이해한다. 보목 자리는 작아서 물회를 해 먹기에 아주 좋다. 그런데 물회가 아닌, 썰어서 뼈째 먹기엔 대정읍 일대의 자리가 최고다. "그쪽 자리는 구이용 아니냐?"며 또다시 반기를 드는 사람이 있을 법하다. 그런 분들껜 제대로 먹어보라고 권하고 싶다. 자리는 어떻게 써느냐가 중요하다. 써는 방법이 회로 맛있게 먹는 포인트다. 기름이 차오른 자리의 깊은 맛이 입안에 쫘악 퍼진다.

세찬 바람을 이겨낸 집

육지부와 다른 낮은 지붕과
겹집 형태는 바람을 이기는데 최적

제주사람들에게 먹으면서 살라고 준 게 있다. 바다다. 시인 이생진은 "성산포에서는 살림을 바다가 맡아서 한다."고 읊기조차 했다. 하지만 그것에 반대되는 게 있으니 바람이다. 바람이 세지면 바람이 바다의 시녀侍女가 되는 게 아니라 바다가 바람의 시녀가 되고 만다. 제주사람들의 삶은 곧 바람과의 싸움이었다. 바람을 이겨야만 삶을 유지하고 살림을 맡아서 한다는 바다로 나갈 수 있었던 것이다.

제주사람들이 바람을 이겨내며 만든 대표작품으로는 무엇이 있을까. 새마을운동 이후 지붕 개량이다 하며 사라져간 초가가 아닐는지. 초가에서는 바람이 꼼짝하지 못한다. 초가는 바람을 향해 '부드럽게 나를 넘어 가라' 한다. 아무리 강한 바람도 초가 앞에서는 그저 온순한 바람이 될 뿐이다.

초가는 그러나 이웃처럼 쉽게 마주할 수 있는 대상은 아니다. 초가는 30년 전만 하더라도 시내 곳곳에서 나를 보라며 얼굴을 내밀었지만 이젠 박물관의 이야기가 됐다. 1984년 군사정권 당시 전국소년체전을 치른다며 제주 전역이 시끌벅적하더니 초가며, 통시(변소)며 다 사라졌다. 몇몇 문화재로 지정된 초가 외에는 이젠 구경조차 힘든 세상이 됐다.

그나마 사라져간 우리네 집의 흔적을 신화는 남겨두고 있다. '남선비'(문전본풀이) 이야기 속에 우리 초가의 공간 구성을 읽을 수 있는 한 토막이 있다. 얘기는 아주 길기에 끝부분만 보자. 놀고먹기 좋아하는 남선비는 큰마누라 여산부인과 어여쁜 작은마누라 노일자대를 두었다. 노일자대에게 죽임을 당한 큰마누라는 죽어 추운 바다 속에서 지냈기에 따뜻한 불을 쬐는 부엌에서 살라고 조왕할망이 되고, 노일자대는 변소에서 죽었기에 측도부인이 되었다고 한다. 또한 남선비는 정낭(대문 위치에 세워둔 정주석 사이에 놓인 기둥)에 목이 걸려 죽어 정살지신이 됐다 한다. 아들은 일곱이었는데 모두 집안 이곳저곳의 신이 됐다고 한다.

제주 초가의 평면구조상 부엌과 변소는 나란히 있지 않고, 서로 반대 방향에 위치해 있다. 남선비 이야기에서 애정구도의 핵심에 위치한 노일자대(측도부인)와 여산부인(조왕할망), 애정다툼에 불을 지펴 결국 정살지신이 된 남선비의 구도는 초가의 전반적인 공간 형성을 보여주는 흔적이다.

신화가 다르듯 지방마다 생활도 다르다. 다른 지방에도 돌이 있으나 제주 돌담이 다르듯, 제주 초가도 띠를 두른 건 여느 지방과 마찬가지로 제주와 그것들이 같을 이유도, 같을 수도 없다. 그건 제주의 환경과 뭍지방의 환경이 다르기 때문이다. 건축은 인간을 담는 그릇이라 했다. 제주

의 초가를 찬찬히 읽어 내려가면 제주사람의 생활이 어떠했는지를 알게
된다.

　〈제주풍토록〉를 쓴 충암 김정의 눈에 비친 제주는 그다지 밝지 않다.
그의 수필이 문학으로서 가치를 평가받는다 하지만, 이 책에서는 16세기
의 제주를 '이상한 곳'으로 바라봤다. 그건 제주의 자연풍토가 너무나
달랐기 때문인 듯하다. 충암의 〈제주풍토록〉에는 바람에 대한 불만이 많
이 나온다. 충암은 그 바람을 바늘로 찌르는 듯 차갑게 느껴진다고 표현
했다. 그 속에 제주 초가 얘기도 곁들여 있다. 지붕을 띠로 덮었고, 초가
는 깊고 침침하다고 표현했다.

　초가가 깊고 침침한 건 제주 초가만의 특징을 간략히 짚어낸 말이다.
초가가 깊다는 뜻은 겹집이라는 이중 구조를, 침침한 건 초가의 높이가
낮다는 말이다. 그건 모두 바람을 이겨내려 한 지혜였음을 충암은 미처
몰랐을 것이다.

　제주 초가의 평면구조는 상방(마루방)을 중심으로 뻗어간다. 보통 세
칸으로 나눠지는 초가는 상방이 가운데를 차지하며, 큰 구들(안방)과 고
팡이 한쪽을 차지한다. 나머지 한쪽은 정지(부엌)와 챗방이 위치하는 게
보통이다.

안방(왼쪽), 고팡(오른쪽)

챗방

정지

겹집 형태는 북부지방과 제주에서만 보인다. 북부지방은 추웠기 때문에, 제주도는 바람 때문에 겹집 형태로 만들어 바람을 제어했다. 바람과의 싸움은 벽체에서도 드러난다. 기둥과 기둥 사이를 흙으로만 채우지 않고, 외벽을 다시 돌로 이어 붙었다. '덧벽'으로 불리는 이 구조는 역시 바람이 드센 곳에서 피워낸 제주 초가의 특징이다.

그런데 제주 초가의 평면구조를 잘 들여다보면 어디서 많이 본 듯하다. 현대식 아파트의 평면구조가 대개 이렇다. 아파트는 거실을 중심으로 삼아 좌우 대칭을 이루는 형태로, 마치 제주 초가의 평면을 옮겨놓은 듯하다.

그러나 뭐니뭐니해도 다른 지방의 초가와 확연히 구분되는 점은 지붕이다. 다른 지방의 초가는 기와 양식에서 보이는 용마루가 눈에 띄지만, 제주 초가에서는 지붕을 둥그스름하게 처리했다. 지붕 재료 역시 엮지 않고 쌓아 덮은 뒤, 바람에 날리지 않게 그 위에 따로 꼬은 3cm 정도의 줄로 얽어맨다.

옛 사람들은 대지가 도로보다 낮은 곳을 가장 좋은 집의 첫째 요건으로 꼽았다. 바람 많은 제주도에서 바람을 피할 수 있는 지리적 위치를 차지하는데다, 들어온 복福이 밖으로 나가지 못한다는 의미도 갖고 있다고 한다. 외부에서 초가를 볼 때면 돌담 위로 지붕만 겨우 보일 정도로 돼 있다. 그래야 바람이 지붕을 넘어 살짝 지나가는데, 그 전제조건은 집터가 낮은 곳이어야 가능하다.

제주 초가에서는 세대별로 독립된 공간 구성(안채·바깥채)은 있을지 언정 남녀 분리의 개념은 없다. 어떤 이들은 남녀평등의 구조가 담겨 있다고도 한다. 현대식 아파트에 있는 식탁 공간처럼 '챗방'이라는 식사 공간이 있다. 부엌과 바로 연결된 이 공간은 여자들이 안방까지 상을 들고 왔다갔다하는 수고를 덜어준다.

신석하 제주국제대 교수는 "제주 초가는 겹집 형태여서 동선이 매우 짧아 편리하다. 더구나 정지와 상방 사이에 위치한 챗방은 여자들의 일을 덜어준다는 의미에서 제주사람들의 남녀평등 정신을 찾을 수 있다."고 강조했다.

취사·난방 공간의 분리도 제주 초가만의 특징이다. 뭍지역에서는 밥을 지으면서 동시에 방에 난방이 되도록 만들어져 겨울철에는 편리하지만 여름철에는 취사행위를 밖에서 해야 하는 불편함이 있었다. 하지만 제주 초가에서는 취사 따로, 난방 따로여서 그런 불편은 전혀 없다.

상방을 중심으로 뻗어나간 제주의 평면구조는 또 다른 특징이 있다.

외부 공간과 상방을 구분 짓는 문이 다른 지방처럼 창으로 만들어지지 않고, 하나의 나무로 된 판문板門이어서 이 문을 닫으면 상방은 또 하나의 방이 된다. 중산간 일대 초가에서는 상방에 붙박이 화로인 '부섭'을 갖춰 간이난방 구실을 했다.

그러나 문화재로 지정돼 있는 제주 초가를 보수하는 과정에서 문화재를 파괴하는 행위가 이어지곤 한다. 제주환경에 맞지 않은 나무를 써서 기둥이 쩍쩍 갈라지는가 하면, 외벽 보수를 겨울철에 하는 탓에 벽에 바른 흙이 떨어져 나가는 경우도 종종 발생한다. 이는 제주 초가가 엄연한 문화재임에도 문화재 인식을 하지 않은 상태에서 복원 · 보수 등이 이뤄졌기 때문이다.

제주사람들의 마음의 고향

우리 할머니들은
그곳에 가야
마음이 편해진다니까요

송당본향당

신 神
당 堂

예측할 수 없는 것들과의 싸움. 그건 인간사였다. 예측할 수 없음이란 변화무쌍한 자연의 힘이었다. 가벼운 바람이나 비가 스쳐가면 좋으련만 폭우가 내려 한 마을을 쓸어가기도 하고, 오랜 기간 비가 오지 않는 날이 계속돼 가뭄으로 타들어가는 땅을 바라보기만 하기도 했다. 솔직히 인간은 그렇게 살아왔다.

오랜 옛날, 사람과 사람이 만나 마을이라는 하나의 공동체를 만들기 시작하고부터 그들의 보금자리는 늘 예측 불가능한 것들과의 싸움을 벌여야 했다. 제주에 뿌리를 튼 사람들은 더 그랬을 것이다. 땅은 척박했으며, 강한 바람은 늘 바다를 삼키기 일쑤였다. 그래서 사람들은 무엇인가에 기대고자 했다. 예측하지 못할 자연의 힘에 감히 맞서려는, 인간만이 가능한 일들을 해냈다. 그들은 마침내 자신과 마을을 돌보는 신神을 창조해 냈다. 이로써 늘 따라다니던 불규칙한 삶의 덩어리에 새로운 희망을 걸었다. 그건 마을마다 자리 잡고 있는 신당神堂으로 자리를 굳혔다.

신당은 때때로 삶을 위협하는 자연의 힘을 경험해야 하는 사람들의 불안심리를 종교적으로 승화시킨 것이라고 표현하기도 한다. 불안심리의 대리격으로 만들어진 신당은 점차 힘을 얻어가면서 '질서와 조화의 규칙적인 세계'를 만들려는 노력이 덧붙여졌다. 그래서 신당은 신령에 의해 보호받고 축복받는 신성한 지역으로 거듭나게 됐다.

마을신앙의 중심으로 우뚝 선 신당은 민중들의 일상적인 삶에서, 살아서 작용하는 종교신앙이 됐다. 우리 할머니들은 제주에서 태어났다는 이유만으로 신당을 접하며 살아왔다. 몇 차례의 위기도 있었지만 파괴할 순 없었다. 이유는 민중의 삶 자체가 신당이었고, 신당은 제주사람들의 의식구조를 대변하는 산물이었기에 그랬다.

지금도 우리 할머니들은 신당을 찾는다. 솔직히 말하면 글쓴이의 어머니도 최소한 1년에 한 번은 신당에 들른다. 이유는 딱 한 가지다. 자식과 손자들이 아무 탈없이 잘살라고 그곳에서 무언가 읊어댄다. 그래야 마음이 편해지기 때문이다. 마음을 편안하게 해주는 건 어느 종교에서나 마찬가지다. 구원救援은 기독교에만 있지 않다. 불교에도, 우리 할머니들이 믿는 민간신앙에도 있다. 경전이 있어야만 종교는 아니지 않는가. 어느 것이나 종교는 하나다. 그것이 제주사람들의 마음 깊숙이 자리한 것이라면 더 그렇지 않을까.

민간신앙은 우리나라 전역에 걸쳐 존재한다. 그러나 민간신앙이 제주에서처럼 광범위하고, 민중의 삶과 밀착된 곳을 찾기는 힘들다. 과거 이야기도 아니고, 현재도 널리 존재하면서 믿음의 한구석을 차지하고 있다는 점에서 제주는 유별나다. 제주사람들이라면 '넋들이' 경험이 있다. 어릴 때 좀 높은 곳에서 떨어졌다고 넋들이를, 어른이 되어서는 교통사

와흘본향당

고 난 버스에 있었다고 글쓴이의 어머니는 "넋 들여야 한다"며 글쓴이를 데리고 가기도 했다. 이렇듯 '넋들이'는 삶의 중간에 차지하는 행위다. 넋들이만이 아니다. 제주사람들은 태어나면서 민간신앙과의 관계맺음을 한다. 어려서는 불도굿의 주체가, 성인이 되어 집을 지으면 성주풀이를, 죽어서는 귀양풀이를 했다. 이런 행위는 하나의 믿음이었다. 그 믿음의 중심에는 신당이 자리한다.

제주의 신당은 너무 많고, 너무 다양하다. 역사도 오래다. 제주 마을 곳곳에 널린 신당만도 350개에 달한다. 제주도를 일컬어 '당 오백, 절 오백'이라고 했던 점에서도 신당의 다양성을 알 수 있다. 신당을 알려면 우선 제주사람들의 의식을 알아야 한다. 또한 제주사람들의 의식을 알려면 역시 신당을 빼놓아서는 안 된다.

신당은 기능이 나뉘어 있다. 대개 본향당, 일뤠당, 여드렛당, 해신당, 산신당 등으로 나눈다.

본향당은 마을마다 하나씩 있다. 마을의 수호신 격이다. 큰당이라고도 불리는 본향당은 이야깃거리였다. 본향당에서 행해지는 굿에서는 제주도의 신화가 술술 노래로 흘러나온다.

일뤠당은 육아와 병을 낫게 해주는 기능을 맡는다. 여드렛당은 애초에

뱀을 모시는 당이었으나 이곳을 찾는 이들은 육아·치병뿐 아니라 가정의 안녕까지 기원한다. 해신당은 어업종사자들에게, 산신당은 목축과 관련된 일을 하는 이들이 다녔다.

주로 신당은 신목神木을 벗삼아 자리한다. 신목들로는 팽나무가 많다. 조천읍 와흘리본향당 등은 거대한 팽나무의 위용이 뭇사람들을 압도하곤 한다.

하순애 교수의 분석에 따르면 신당에서 모시는 마을 수호신은 264종이나 된다고 한다. 마을 수호신은 자연물이 그 위치를 차지하기도 하지만 사람이 대상이 되는 경우가 아주 많다. 제주만의 특이성이기도 하다.

이런 신당들은 늘 그 자리를 지키고 있지는 않다. 사회변동에 따라 위치가 바뀌기도 하고 사라지기도 하며 새로 생겨나는 경우도 있다.

조선시대 때 신당은 위기를 맞기도 했다. 이형상 목사는 1702년 제주도 내 신당을 모두 파괴했다. 조선 말에는 천주교민에 의한 신당 파괴가 뒤따랐으며, 1970년대 새마을운동이 붐을 이룰 당시엔 미신타파운동이라는 이름으로 민간신앙은 억압됐다. 그럼에도 제주의 신당은 꿋꿋이 살아남았다. 그러는 사이에 마을마다 치러지던 당굿도 몇몇 마을에만 존재하게 됐고, 유교식 포제(마을제)가 당굿을 대체하기까지 했다.

신목(神木)

　이런 변화를 겪은 뒤 신당은 새로운 대접을 받게 된다. 제주의 굿이 생명력을 얻으며 존재가치를 인정받기에 이르렀다. 1980년 제주칠머리당굿이 무형문화재로 지정된 데다, 1986년 송당본향당에서 치러지는 제의도 무형문화재로 지정됐다. 2005년엔 제주도 내 신당 5곳이 제주도문화재 민속자료로 지정됐다. 신당 자체가 지정문화재가 된 첫 사례다. 그걸로 그치지 않았다. 2009년 제주칠머리당영등굿이 유네스코에서 인정하는 세계적 보물이 됐다.

　신당이 문화재로 지정될 정도로 생명력을 가지는 이유는 무얼까. 신당은 단순히 '구원'하려는 행위가 이뤄지는 곳이 아니었다. 제주사람들의 일상적인 삶에 녹아 있는 종교 활동의 장소였고, 가슴 깊이 내재·체득돼 있는 뿌리이기에 온전히 살아 숨쉬고 있다.

어떤 이들은 신당을 무속이며, 미신이라고 한다. 만일 그랬다면 세계적 유산으로 인정됐을까. 제주칠머리당영등굿 보유자인 진짜 심방 김윤수 씨의 얘기를 들어보자. 그는 심방을 '변호사'라고 한다. 변호사라는 직업은 어려운 이들이 심판을 받을 때 중간 역할을 하는 이들이다.

"(심방은) 귀신에게 말하고, 생인에게 말하는 중간 역할을 하면서 생인에게 소원을 전달하고, 귀신에게는 축원을 하면서 '살려줍서'라고 하죠. 굿을 해주면서 '언제 좋다, 안 좋다'는 걸 판단해서 전달하기도 하잖아요. 그래서 심방을 '신의성방'이라고 하는 겁니다."

'성방'은 심방들이 하는 말이다. '형방刑房'의 제주식 이름이다. '형방'은 죄를 관장하던 지방관리를 뜻한다. 심방 스스로 '형방'을 꺼내는 걸 보면, 심방이 살아 있는 이들과 신의 대화를 오가며 처리해 주는 대리격임에는 분명해 보인다. 무속신앙도 '믿음'인 것이다.

걷다 보면 시름 잊는 산사 가는 길

잠자던 숲이,
숨죽이던 새들이
벗이 돼 준다

절이 산에 있어야 하는 이유는 없다. 예전에는 사람들 곁에 있던 것들이 절이다. 그러나 이젠 절의 대명사는 산이 돼버렸다. 선禪 사상이 대세를 이루면서, 유교가 우리나라를 지배하면서 평지 불교는 쇠퇴하고 불교는 산의 몫으로 남았다. 때문에 우리는 산이 절에 있다고 믿게 됐다.

그런저런 이유 때문에 오히려 우린 산사山寺라고 불리는 절을 가지게 됐다. 산은 말한다. 바람을 일으켜 잠자던 숲을 흔들고, 새들을 불러내 맑은 소리를 지르게 한다. 그 멋에 우리는 빠진다. 산사에 매료될 수밖에 없는 이유다.

산사로 가려면 길고 긴 기다림의 의식을 치러야 한다. 먼 길을 걸어가야 만날 수 있는 기다림이 거기에 있다. 그렇지만 많은 절은 중생들에게 기다림의 여유를 주지 않는다. 해남 대흥사가 그렇듯, 월출산 도갑사가 그렇듯 매우 잘 포장된 길이 있어 산사까지 걸어가야 할 이유가 하나도 없다. 지리산도 마구 개발되면서 해인사도 우리 곁에 바짝 다가와 버렸다. 어느덧 뭍지역의 산사는 예전 평지의 절처럼 좋은 의미에서 이웃이 됐다. 일주문에 다다르기까지 길고 긴 여정을 거쳐야 하는 수고를 하지 말라는 뜻인데, 바로 절에 갈 수 있다는 점은 좋지만 산사에 이르는 맛은 영 아니다. '기다림은 만남을 목적으로 하지 않아도 좋다' 는 시구를 읊으며 걸을 여유조차 주지 않는다.

우리 제주도는 어떤가. 예전에 '당 오백, 절 오백'이라 불렸으나 그 많던 절은 다 어디로 갔는지 모르겠다. 18세기에 제주도 목사로 왔던 이형상이 수많은 절과 당을 파괴하는 일대 사건을 저질렀다는 사실만으로는 설명하기 힘들다. 산사라고 불릴 만한 절은 없지만, 그래도 뭍지역과 달리 '산사 가는 길'이라고 부를 멋은 남아 있다.

제주에도 석굴암이 있다. 경주 석굴암과 같은 이름이다. 그렇다고 경주 석굴암의 본존불을 기대한다면 갈 필요는 없다. 그런 본존불 같은 건 없기 때문이다. 멋진 암자를 기대하는 이들에게도 갈 필요가 없다고 말하련다. 그럼 왜 가야 하나. 여유가 있는 이들은 가봐도 좋다. 산사로 가면서 우리가 마음에 새겨야 할 것은 산사의 끝점에서 마주할 스님과 불상이 아니라 부처의 말씀이다. 달을 가리키면 달을 봐야지 손가락을 보면 안 된다고 하지 않은가.

산사는 가을이 멋이라고 한다. 계룡산 갑사가 가을 산사의 대표격이다. 한라산도 단풍이 우거지는 가을이 제격이지만 이른 여름에도 산사 가는 길은 정겹다. 사방이 녹색의 물결을 이뤄 눈을 시원하게 해주는 점이 가을의 산사 가는 길과 다르다.

석굴암으로 향하는 길은 좁디좁다. 맨 땅을 밟고 오르는데 나무 계단이 하늘 끝까지 이어져 있다. 108번뇌를 되뇌이며 108계단만 오를까 했는데 계단은 수백 개다. 10년 가까이 스님과 불자들이 애써 만든 계단이라고 한다.

석굴암이 세상에 등장한 지는 그리 오래지 않다. 50년 정도에 지나지 않는다. 10분을 걸었을까. 평지 위에 나무로 만든 데크가 있다. 자연을 생각하며 애쓴 듯하지만 내려올 때는 나무 데크가 반갑지 않다. 나무 데크가 끝나면 다시 평지다. 구비구비 위험한 내리막길을 걷기도 한다. 요즘은 석굴암 가는 길에 등반을 하는 이들을 많이 만난다. 노부부들도 걷는다. 그들은 무척 천천히 걷는다. 걸음이 빠른 이들은 30분이면 충분한데, 세상이 뭐 그리 급할 게 있나 싶다. 석굴암이 전통사찰은 아니지만 그래도 산사로 대접을 해준다면 좀더 여유를 가져보자.

예전 이곳엔 불자를 닮은 개 3마리가 있었다. 검둥이 1마리와 누렁이 2마리였다. 개들은 사람이 와도 짖지 않고 물끄러미 쳐다보기만 했다. 다만 새벽에 석굴암을 처음 찾는 불자에게만 짖어 새벽을 깨운 이들이다. 그런데 지금은 이들을 만날 수 없다. 도량 곁에서 득도를 하고 하산했는지.

이방인의 의지가 만들어낸 역사(役事)

이시돌목장 개척한 맥그린치 신부
중산간 일대 삶의 고난의 흔적 남겨

테 시 폰

제주시 한림읍 이시돌목장 인근. 사람들이 특이한 건축물에 몰려든다. 웨딩 화보 촬영을 한다. 테시폰이다. 문화유산국민신탁이 '시민 손으로 뽑은 지키고 가꾸어야 할 문화유산 12선'에 꼽기도 했다. 투표결과 12개 건축물 가운데 1위를 차지했다. 너무 특이해서인가. 아마 지금까지 봐온 건축물이 아니어서 그런가 보다.

테시폰을 알려면 이시돌목장을 개척한 맥그린치 신부를 빼놓아서는 안 된다. 바로 테시폰은 개척의 흔적을 알리고 있는 건축물이다. 테시폰 1960년대 맥그린치 신부가 제주시 중산간 일대에 대규모 토지를 조성할 때, 중산간을 함께 개척했던 이들이 기거하는 공간으로 꾸며졌다. 그게 지금의 테시폰으로 남게 됐다. 하지만 테시폰이라는 용어가 맞는지는 재고의 여지가 있다. '테시폰'은 이라크 바그다드 남동쪽 고대 도시유적인 '크테시폰'의 영어식 이름이다. '크테시폰'은 아주 큼지막한 아치 형태로 이뤄져 있다. 그러나 이시돌목장에서 개척의 흔적을 간직한 건축물에 '테시폰'이라는 이름을 붙인 게 맞는지는, 글쎄 물음표로 해두겠다.

'테시폰'은 오히려 '퀸셋'이라는 이름으로 부르는 게 적절하지 않을까 한다. 길쭉한 반원형 간이건물이 퀸셋이다. '퀸셋'은 간이형 주택으로 2차 세계대전 때부터 널리 쓰이기 시작했다. 2차 세계대전 때 미군은 군사용 막사를 짓기 위해 1차 세계대전 당시 영국군이 만든 '니센 허트'를 발전시켜 퀀셋을 만들었다.

퀀셋은 아주 짧은 기간에 만들 수 있다는 장점이 있다. 뚝딱 조립도 하고서 이동할 수도 있다. 퀀셋이라고 부르는 건 미국 로드아일랜드 주의 '퀀셋 포인트'라는 곳에서 처음 만들어졌기 때문이다.

외국에서는 지금도 일반 주택용으로 퀀셋을 짓곤 한다. 우리나라에서는 퀀셋을 찾기가 쉽지 않다. 군용 막사로 지은 곳도 점차 사라지고 있다. 퀀셋은 곡선 형태로 바람에 잘 견디고, 아치 형태여서 내부 기둥이 필요하지 않다는 장점이 있다.

퀀셋은 정부 차원에서 관심을 기울이기도 했다. 1960년대 주택공사가 주택의 대량공급을 위해 도입을 검토했으며, 1990년엔 평민당이 도입을 주장하기도 했다.

어쨌든 이시돌목장에 있는 퀀셋, 아니 테시폰은 보존적 가치가 매우 높은 건축물임은 분명하다. 제주에서는 보기 드문, 우리나라에서도 이젠 볼 수 없는 얼마 남지 않은 퀀셋형 건축물이라는 점을 꼽을 수 있다.

그것만 있다면 보존하자고 하기는 머쓱해진다. 테시폰으로 불리는 이 건축물은 건축양식이 다른 퀀셋과는 다르다. 테시폰은 아치 골격을 만든 뒤 지붕을 이었다. 군용 막사 등의 퀀셋은 골격 위에 양철 등을 씌웠으나 테시폰은 그럴 자본이 없어서인지 특이하게 만들어졌다.

　그 특이함이란 바로 아치형 골격 위에 가마니를 얹었다는 점이다. 나무 등의 기본골격을 만든 뒤 골격 위에 가마니를 얹고, 가마니 위엔 콘크리트가 올라갔다. 때문에 가마니는 콘크리트의 하중을 견디지 못해 움푹 들어갈 수밖에 없다. 지붕을 만들기 위해 얹은 콘크리트가 굳으면 가마니는 떼어낸다. 현재 남아 있는 테시폰의 아름다운 물결 모양의 지붕은 그렇게 해서 탄생했다.

까칠하고 투박한 제주인의 얼굴

'허벅장'에서 '옹기장'으로 변신
무형문화재로 거듭나는 제주만의 색깔

옹
기

질그릇이라는 표현이 맞을까? 질그릇은 토기이기도, 도기이기도 하다. 하지만 질그릇은 유약을 덧댄 자기보다는 그렇지 않은 그릇에 더 가까운 표현이다. 우리가 질그릇이라고 표현할 때는 옹기도 그 범주에서 벗어나지 않는다. 세상사람들이 그렇게 부르니 옹기 곁에 질그릇이라는 말을 붙이더라도 낯선 표현은 아닐 테다. 제주옹기, 적절한 용어인지는 의문이지만 제주도 무형문화재로 '옹기장甕器匠'이 있기에 여기에서는 그렇게 표현하겠다.

옹기는 대개 서민들이 쓰던 그릇으로 통용된다. 물을 지어 나르던 허벅에서부터 커다란 항아리, 음식물을 보관하는 용도로서의 그릇 등등. 서민 사회에서 쓰던 그릇은 예전 제주사람들의 생활 곳곳에 자리를 틀고 앉았다. 그러나 플라스틱과 스테인리스의 등장은 모든 걸 순식간에 바꾸어놓았다. 1960년대 이후 우리네 삶은 흙이 빚어낸 옹기를 뒤로 물리고, 그 자리에 산업화가 이뤄놓은 그릇들로 하나둘 채워갔다. 그러다 다시 옹기에 관심을 둔 건 1990년대 말부터다. 한 세대가 지나서야 예전에 중요시했던 우리 것에 관심을 돌리게 된 셈이다.

'옹기장' 이전에 '허벅장' 이라는 무형문화재가 지정되기도 했다. 그건 반쪽짜리였다. 그럴 수밖에 없는 이유는 제주옹기는 철저한 분업화에 따른 노동력의 산물이었고, 각 기능별로 분화가 돼 있었기 때문이다.

제주도에서도 이 문제에 대해 관심을 갖기 시작했고, 제주도문화재위원을 중심으로 제주도 옹기장 찾기를 위한 조사가 진행됐다. 그 조사는 2010년 3월부터 12월까지 이어졌다. 제주도문화재위원회는 허벅은 제주 옹기의 하나일 뿐이며, 제주옹기가 허벅을 비롯해 다양한 형태로 만들어졌기에 '옹기장'이라는 이름이 적격하다는 판단을 내렸다. 2011년 결과물이 도출됐다. '허벅장'의 이름은 사라지고 굴대장, 질대장, 도공장, 불대장 등 4개 분야로 확대한 '옹기장'이 세상에 빛을 본 것이다.

그런데 왜 제주옹기는 역할별로 전승자를 두어야 할까. 여기에 대한 답은 '철저한 분업'이 어울리기 때문이다. 제주옹기는 가마를 축조하는 굴대장, 흙을 찾아내고 다루는 질대장, 그릇을 만드는 도공장, 불을 때는 불대장 등의 역할이 어우러져 제주에서만 나는 그릇을 만들어냈다.

허벅장, 즉 도공을 혼자 지정하는 것은 잘못이라고 인식하게 된 것은 바로 이 같은 분업의 성격을 이해했기에 가능했다. 그렇지 않고 허벅장 혼자 지정됐다면 제주옹기의 맥은 아마 끊어졌을지도 모른다. 최고의 기능인 가운데 한 사람인 고신길(본명 고홍수) 씨는 문화재로 지정된 뒤 3개월 만에 세상과의 인연을 달리했다. 그는 굴대장이었다. 만일 그가 굴대장이라는 전수자로 이름을 올리지 않았다면 제주옹기에서 가장 중요한 부분인 가마 만들기는 아예 역사에서 사라졌을지도 모를 일이다.

물레성형
ⓒ제주전통옹기전승보존회

제주옹기는 철저한 분업의 산물이면서, 다른 지역의 옹기와는 또 다른 특징을 지닌다. 우선 흙이 다르다. 제주도는 섬이라는 조건에다 화산회토여서 철 성분이 많이 함유돼 있다. 제주옹기가 유약을 바르지 않더라도 유약을 바른 듯 빛을 내는 건 높은 온도에서 철이 녹아들어 옹기 표면을 메우기 때문이다.

제주옹기에 쓰이는 흙은 표피와 사토, 황토를 걷어내고 나서야 나타난다. 정말 좋은 흙은 고양이 등에 난 줄처럼 띠를 형성한다. (사)제주전통옹기전승보존회 대표를 맡고 있는 허은숙 씨는 이렇게 말한다.

"1990년대만 하더라도 명공들이 많았어요. 그분들을 쫓아다니면서 흙을 함께 찾아 나섰죠. 이젠 그분들이 돌아가셨지만 어떻게 흙이 분포돼 있는지 답습을 받았어요. 정말 좋은 흙은 먹어보기도 해요. 아주 부드러워요. 밀가루 같다고 해야 하나, 입안에서 크림이 녹는 것 같죠."

흙을 찾기 위해서는 정방형으로 가로·세로 1m를 파낸다. 흙을 걷어내다 보면 150㎝를 파 들어가기도 한다. 그렇게 찾은 흙은 현장에서 점력을 최대화시킨 후 작업장으로 가져온다. 그다음부터는 메치는 작업이 이어진다. 메치는 작업은 순전히 사람의 힘을 빌어야 하기에 힘 좋은 장정을 고용하기도 했다. 2~3일은 떡 메치듯 한다. 그렇게 작업을 끝내고 흙을 산더미처럼 쌓아둔다. 이제는 그릇을 만들 차례다. 쌓은 흙은 '깨끼'라고 불리는 낫으로 깎아낸다. 조금씩 깎는 과정을 거치며 이물질은 다시 제거된다.

그런데 제주옹기를 만드는 흙은 육지부에서처럼 물에 가라앉혀 앙금만을 쓰는 수비水飛 과정을 거치지 않는다. 수비는 원토를 물에 담가서 고운 흙만 쓰기 위해 거치는 과정의 하나이지만 제주옹기를 만들 때는 그러지 않아도 된다. 그만큼 제주의 흙이 좋다는 의미이며, 잔 돌멩이는 깨끼로 긁어내는 과정을 거치면 그만이다.

때문에 제주 흙은 성질이 강하다. 큰 항아리를 아주 얇게 만들 수 있는 것도 제주의 흙이 단단하기에 그렇다. 만일 수비 과정이 들어 있다면 두께가 얇은 큰 항아리를 만들기는 어렵다. 제주옹기가 육지부의 그것과 달리 두께가 상대적으로 얇은 것은 흙 덕분이다.

분업화된 제주옹기를 만들려면 반드시 필요한 시설이 있다. 세계 어디에서도 보기 드문 돌가마다. 육지부에서 일반적인 형태의 가마는 흙벽돌로 되어 있다. 그러나 제주도의 가마는 자연석과 흙이 어우러져 탄생된다. 가마의 뼈대는 돌로 잇고, 틈새는 흙으로 메우는 방식이다. 돌의 두께는 20㎝가량 되며, 그 돌의 위아래로 흙을 덧댄다. 그때 돌 위와 틈새를

노랑굴 내부에 옹기들이 자리잡은 모습
ⓒ제주전통옹기전승보존회

노랑굴의 뒷풍경
ⓒ제주전통옹기전승보존회

메우는 흙은 어느 정도 점력을 지닌 황토를 쓴다.

제주 돌가마는 어떤 그릇을 만드느냐에 따라 노랑굴과 검은굴 등으로 나뉜다. 검은굴은 불이 들어가는 입구와 뒷구멍만 있다. 비교적 화력이 약하다. 반면 노랑굴은 그릇이 들어가는 기물실과 땔감이 들어가는 불집, 불길이 통과하는 길에 나 있는 불벽 등의 구조로 돼 있다. 가마는 화력을 높이기 위해 경사져 있다. 일반적으로 경사도는 15도에서 18도를 유지해야 한다. 그 정도의 경사도를 유지할 때라야 불이 자연스럽게 번진다.

돌가마는 제주 전역에 널브러진 아무 돌이나 써서 쌓으면 되겠지라고 생각하면 오산이다. 자연석이라도 다듬으면 쓰질 못한다. 돌을 다듬게 되면 흙이 떨어져 가마로서의 구실을 하지 못한다. 특히 아치 형태로 된 홍예 부분을 만들 때는 매우 신중해야 한다. 홍예에 쓰이는 돌은 어른 손바닥 크기로 예전엔 곶자왈에서 많이 캐서 썼다. 하지만 이젠 곶자왈에서 캐어 쓸 수 없는데다, 기존에 있던 자원도 영어교육도시에 들어가면서 죄다 사라지고 없다.

그래서 돌가마를 만들려면 필요한 돌을 찾느라 '보물찾기'라도 해야 할 지경이다. 돌가마를 만들 때는 '만들다'가 아닌, '굴 박기'라는 표현을 사용한다. '만든다'는 말을 쓰지 않고 '박다'라는 말을 쓰는 점이 이상하게 들릴 만도 하다. 여기엔 돌을 쌓으면서 틈새에 돌을 박고, 바닥에 돌을 올릴 때도 차곡차곡 쌓는 게 아니라 처음부터 뿌리를 단단하게 세운다는 의미에서 '박다'라는 말을 쓰는 듯하다.

검은굴은 불이 일사천리로 빠지기에 높은 온도까지 올라가지 않는다. 1,000도가 검은굴의 최고 온도다. 그에 비해 노랑굴은 다르다. 노랑굴 내부는 1,200도까지 오른다. 이것은 옹기의 본래 의미를 바꿀 정도의 온도이다. 옹기가 포함된 질그릇은 1,200도에 이르면 녹아내린다. 제주역사에서 도기가 발굴되지 않은 점에 대해 학계에서는 높은 온도를 견디지 못하는 제주 흙의 특성 때문이라고들 한다. 그런데 노랑굴이 1,200도까지 오른다면, 이 정도의 온도에서는 도기 생산이 가능하다. 그렇다면 '옹기'라는 표현 역시 오류가 되는 셈이다.

옹기는 1,000도의 온도에서 단 한 차례 구워진다. 자기는 낮은 온도에서 초벌구이를 한 뒤 1,200도의 높은 온도에서 다시 구워낸다. 제주옹기는 1,200도의 온도에서 구워지는 점은 자기와 같으며, 초벌구이라는 점은 다른 지역의 옹기와 닮았다. 그렇다고 제주옹기를 다른 지역의 옹기와 같다고 할 수는 없다. 초벌구이만 닮았지 나머지는 다르기 때문이다. 때문에 제주옹기는 육지부의 옹기와 구분 지어야 한다. 높은 온도에서도

녹아내리지 않는 흙을 쓴다는 점은 도자기 역사에서는 아주 중요한 사실
이다.

　도자기 전공을 하는 이들도 제주옹기에 쓰이는 흙의 성질을 제대로 알
지 못한다. 제주 흙은 나빠서 못 쓴다는 게 도자기 전공자들의 공통된 입
장이다. 하지만 실제 경험한 이들의 입에서 나오는 얘기는 그렇지 않다.
제주 흙이 나쁜 게 아니라 좋은 흙을 찾지 못하기 때문이란다. 이건 연구
자들의 몫으로 남겨두겠다.

ⓒ제주전통옹기전승보존회

제주도 사람은 언어의 마술사

지금도 남아 있는 아래아
어느 고장에 가든
그 지역 말을 그대로 복사

물 길어 나르기 연습
ⓒ만농 홍정표 선생 사진, 제주대학교 박물관

제
주
어

제주어, 제주방언, 제주말. 어느 게 맞을까. 국어학자는 아니지만 우선은 이들 용어의 서로 다른 개념부터 알아야 이야기가 시작될 것 같다.

제주어라고 부를 때는 다소 독립적인 언어의 특질을 말한다. 한국어와 일본어라고 부를 때를 가리키는 그런 언어이다. 그와 달리 방언은 사투리를 떠올리면 된다. 한국어에서 말하는 표준어의 상대 개념이다. 이때 방언은 지역에서 쓰이는 말을 의미한다.

그럼 제주말은? 제주어라고 부르기도 그렇고, 제주방언이라 부르는 것에 대해서도 섭섭해하는 이들은 '제주말', 아니 '제줏말'이라고 표현한다. 이는 듣기 거북한 방언이라는 단어를 빼고, 대신 한국어에 버금가는 듯한 제주어에 대한 느낌을 다소 완화시키려고 쓰는 경우라고 생각하면 되겠다.

그런데 왜 전국 각지에서 쓰이는 사투리 가운데 제주방언에만 유독 언어개념인 '어語'를 집어넣었을까. 이에 대해서는 전라도나 경상도 말을 쓰는 이들의 불만도 있을 수 있겠으나 굳이 이유를 들자면 세계적 기관에서 '위험하다'고 판정한 게 좀 다를까 싶다. 세계적 기관이라면 유네스코를 말한다.

제주어는 지난 2011년 유네스코로부터 '소멸 위기의 언어'로 분류됐다. 이런 사실이 알려지면서 제주어에 대한 관심은 더욱 높아졌다. 유네스코의 판정 하나가 제주어의 위상을 급격하게 높인 셈이 됐다.

제주도는 이상하리만큼 유네스코의 관심을 많이 받는 지역이다. 제주도는 세계자연유산의 땅이며, 인류무형유산이 있는 곳이다. 여기에다 언어까지 특별대접을 받는 곳이니, 제주도민의 자긍심이야 오죽하겠는가.

그렇다면 제주어는 대체 어떤 언어인가. 다들 아는 얘기지만 우리나라 언어의 옛 형태를 간직한 곳이라고 부른다. 그러나 그것이 맞는 것인가에 대해서는 확실한 답을 내릴 수는 없다. 제주어를 이해할 수 있는 원형을 찾으려면 그와 관련된 문헌이라도 있으면 좋으련만 제주사람들이 쓴 언어를 분석한 기록은 최근 것 외에는 없기 때문이다. 조선시대 때 문헌들은 대개 '이해하기 힘들다'는 필담 일색이기에 그렇다.

알 수 있는 건 예나 지금이나 다른 지역 사람들은 제주사람들이 쓰는 말을 여전히 알아듣지 못한다는 점이다.

제주어에 고어가 살아 있다는 점은 익히 알고 있으리라. 특히 우리나라 고전을 배우는 국어시간에 덕을 보는 건 제주학생들이다. 물론 평상시에 제주어를 쓴 학생들만 덕을 본다. 아주 쉬운 예를 들어보면, 고전에

'하다'는 말이 있다. 이때 하다는 '행하다(行)'는 게 아니라, '많다(多)'는 뜻이다. 제주도 사람이면 늘 쓰는 말 가운데 하나가 '하다'이다. "하영 줍서"(많이 주세요)나 "잘도 한게"(잘도 많네)라는 식으로 늘 써오는 말들이다. 이런 말이 고전에 널려 있으니 응당 제주학생들의 고전 점수는 높을 수밖에 없다. 점수가 상대적으로 낮은 학생들이라면 집안에서나 집밖에서 제주어를 쓰지 않는 모양이다.

'아래아(ㆍ)'는 여전히 많이 쓰인다. 제주도 이외 지역은 쓰지 않는 것 가운데 하나이다. 제주는 바람이 많이 부는 곳이다. 그때 '바람'을 제주에서는 'ᄇᆞ름' 혹은 'ᄇᆞ룸'이라 부른다. 아래아가 쓰인 'ᄇᆞ름' 혹은 'ᄇᆞ룸'을 육지사람이 읽으면 '바름'이나 '바람'으로 읽는다. 꽉 차 있다는 'ᄀᆞ득'도 읽어보라면 '가득'이라고 한다. 제주사람들은 어떻게 읽을까. '아래아'를 그대로 살려 읽는다. '바람'을 뜻하는 'ᄇᆞ름' 혹은 'ᄇᆞ룸'은 '보름'이나 '보롬'에 가까운 발음이 난다. 'ᄀᆞ득'도 '가득'이 아니라 '고득'에 가까운 발음이 난다. 아래아 발음이 'ㅏ' 소리가 아니라 'ㅗ'에 가깝게 난다는 사실을 이해했으면 좋겠다.

언어는 지역문화의 표상이다. 제주어는 오랫동안 그 위치를 유지해 왔다. 다소 변형되기는 했지만 유네스코의 소멸 위기 언어로 불릴 정도로 보존의 필요성이 제기되고 있다. 그나마 다행이다. 하지만 제주도 사람들은 얼마나 제주어를 잘 쓰고 있을까. 솔직히 미안한 얘기지만 글쓴이도 이젠 거의 쓰지 않는다. 아니, 쓸 일이 없어져버렸다. 나이든 어르신을 취재할 때나 쓸까, 기억 속에서 사그라든다.

그런 점은 안타깝고, 반성도 해본다. 그건 그렇고, 제주도 사람은 유별나게 제 몸이 아닌 언어에 잘 적응한다. 쉽게 말하면 경상도에 가면 경상도 언어로, 전라도에 가면 전라도 언어로, 충청도에 가면 충청도 언어로 바꿔 쓴다. 참 희한하다. 왜 그런지는 알 길이 없다. 제주도 사람들은 언어의 마술사였던 모양이다. 제주도 사람으로서 과거를 보러 가다가 표류를 당해 〈표해록〉을 남긴 장한철이라는 인물이 있다. 그 사람이 〈표해록〉에 기록해 둔 게 있다.

"제주사람으로 장사를 생업으로 하는 사람이 섬과 육지를 출입하게 되면 능히 제주 말소리를 바꿀 수 있는 것입니다."

- 장한철의 〈표해록〉 중

장한철은 18세기 인물이다. 당시에도 제주사람들은 다른 지방에 가서도 적응을 잘했다는 얘기이다. 그럼 지금은? 마찬가지이다. 제주사람은 쉽게 서울사람이 됐다가, 부산사람도 된다. 광주사람도 쉽게 되고, 고향에 오면 다시 제주사람이 된다. 너무 유별난가?

장지에서 울리는 장구 소리
ⓒ만농 홍정표 선생 사진, 제주대학교 박물관

제주도를 닮지 않은 또 다른 섬

누가 그랬던가 '천작지옥' 이라고
천주교의 가슴 아픈 이야기 뭉클

추자항

어느 시인이 그랬다. "어디 가느냐고 묻는 사람이 있다. 섬에
간다고 하면 왜 가느냐고 한다. 고독해서 간다고 하면 섬은
더 고독할 텐데 한다. 옳은 말이다. 섬에 가면 더 고독하다."

섬에 가면 더 고독하다? 옳은 말이다?

우린 늘 고정된 틀에 얽매여 산다. 섬에 대한 고정관념도 마찬가지다.
섬이라면 떠오르는 말은 늘 한정돼 있다. 앞서 시인이 말한 것처럼 '고독
하다' 혹은 '왜 가느냐' 그런 것들이다. 그렇게 섬은 가기 힘들단 말인
가. 시인들이야 내재된 감정을 끌어내 시를 짓고 글을 쓰고 하겠지만, 대
놓고 섬이 고독하다느니, 왜 가느니 하면 어쩌라는 겐가. 섬에도 사람이
살고, 역사가 흐르는데.

시인들이 고독만 읊는 사이에 섬은 정말 고립된 채 남겨졌다. 섬은 시
인이 말하듯 시적이지 않을 수도 있고, 고독의 노래를 읊조릴 만큼 낭만
적이지 않을 수도 있는데 말이다. 섬에 사는 사람에겐 더 중요한 것이 있
기 때문이다. 그들 나름의 삶이 있다. 그들은 살기 위해 섬을 선택했고,
어떤 이들은 나서 죽을 때까지 섬에서 지내기도 한다.

누군가 내가 아는 이에게 물었다.
"섬에 들어가면 나오기 힘들다던데요."

사람과 제주

추자도에 사는 그는 이렇게 답을 했다.

"영화에서도 쇼생크라는 감옥을 탈출한다는데 그 섬에서 탈출이야 못할까요."

섬은 감옥이 아니다. 섬은 오가지 못하는 곳도 아니다. 그러나 여전히 사람들은 섬이 고립됐고, 고독하다고 한다. 그건 그 섬 사람들이 만든 게 아니다. 그 섬에 살지 않는 사람들이 만든 법칙에 지나지 않는다.

섬, 추자도. 제주도의 부속섬이다. 추자도는 대표적 유배문학으로 꼽히는 안조환의 〈만언사〉를 탄생시켰다. 오갈 데 없는 섬에 갇힌 안조환은 절규를 하며 창작을 했다. 그의 글은 갑갑한 자신의 존재를 승화시키려는 몸부림이었다. 그는 목마름과 더위로 힘든 나날을 보냈던 세월을 '천작지옥天作地獄'이라고 표현했다. 추자도를 '하늘이 만든 지옥'이라고 말할 정도라면 그보다 살기 힘든 곳은 없다는 의미일 것이다. 그처럼 섬은 대접을 받지 못했다.

〈만언사〉에서처럼 추자도는 정말 천작지옥인가. 추자도는 제주도다. 한때 전남에 속하기도 했으나 지금은 제주특별자치도의 섬이다. 섬 중에서도 사람들이 가장 많이 사는 섬이며, 면面 단위의 행정구역을 지닌 섬

나바론 절벽

다무래미

이다. 볼 것도 많고, 먹을 것도 많은 섬이다. 그럼에도 우린 그 섬에 잘 들를 수가 없다. 혹시 바람이나 세면 어쩔지 걱정부터 해야 한다. 제주도 본섬에서 면面으로 가는데, 무려 2시간을 가야 하는 힘든 여정을 거쳐야 한다. 제주도지만 도항선도 없는 곳이다. 면面이지만 도의원도 없는 곳이다.

그렇게 된 이유는 우리가 너무 추자도를 모르기 때문이다. 추자도가 아직도 유배의 땅은 아니지 않은가. 왜 제주를 찾는가. 가보면 안다. 마찬가지로 추자도엘 가면 그곳은 천작지옥도 아니고, 섬이라는 이유로 홀대받아야 할 곳도 아닌 사실을 알게 된다.

추자도는 4개의 유인도(상·하추자도, 추포도, 횡간도)와 38개의 무인도 등 42개의 군도로 이뤄져 있다. 그러나 언제나 그렇듯 추자도를 딛기는 힘들다. 서울까지 비행기를 타고 가는 시간보다 더 오래 걸리는 경우도 있다. 망망대해라고 해야 하나. 비행기를 타는 시간보다 더 오래 걸리다니 그야말로 섬에 가기가 쉽지 않은 건 사실이다. 옛 사람들이 드나들기에는 지금보다 더하면 더했지 덜하지 않았다. 바람이 잦아지기를 기다린다는 의미로 후풍도候風島라 불리기도 한 그때, 망망대해를 건넜던 선인들의 기분을 조금이나마 알 만하다.

추자도는 좀 다른 섬이다. '제주'라는 본연의 색과 다른 옷을 입었다. 추자도 사람들은 제주도를 '본도' 혹은 '제주', '제주 본섬'이라 부른다.

하추자에서 본 상추자

등대산에서 본 하추자

사람과 제주

271

마치 제주에서 추자를 다소 낯설게 바라보듯 추자에 사는 사람들도 본섬을 '색다른 곳'으로 생각한다. 색다를 수밖에 없는 이유는 있다. 오래도록 전남 완도와 영암 등에 속해 있다가 1831년에야 제주목에 넘겨져 제주와의 관계맺음을 했기 때문이다. 그러다가 1891년 다시 완도로 넘어갔다가 1914년 제주도로 돌아온 섬이다.

그 때문인지 풍속이 다르다. 추자도에 사는 사람들은 '제주 본섬'에 사는 사람과 말씨도 다르다. 추자에서는 제주말을 들을 수 없다. 전라도 억양이 그대로 감지된다. 만일 추자도가 '제주도'에 소속된 섬이 아니었더라면 그냥 전라도의 수백 개나 되는 부속섬의 하나쯤으로 치부됐을지도 모른다.

추자도의 독특함을 들라면 '설'이 아닐까 싶다. 그들은 섣달 그믐에 차례를 지낸다. 설날 당일도 아닌, 섣달 그믐에 차례를 지내는 풍습은 여느 고장에서도 찾기 쉽지 않다. 전남 일부 바닷가 지방의 풍습이라고도 하지만 그 이유를 속시원하게 말해주는 사람은 없다. 새벽에 고기잡이를 나가야 하기에 조상 제를 앞당기는 것이라는 이들도 있지만 추자도 사람들은 그건 아니란다.

'천작지옥'을 외친 안조환도 추자에서 지낸 설만큼은 '지옥'에서 벗어나려 몸부림을 쳐본다.

> 그려도 설이로다 배부르니 설이로다
> 고향을 떠나온 지 어제로 알았더니
> 내 이별 내 고생이 격년사 되었구나
> 어와 섭섭하다 정초문안 섭섭하다
> 북당쌍친이 백발이 더 하시고
> 공규화조는 얼마나 늦었는고
> 다섯 살에 떠난 자식 여섯 살이 되었고나
> 내 아녀 임이라도 내 설움은 설다 하리
>
> > - 안조환의 〈만언사〉 중 일부

'천작지옥', 색다른 섬 추자도. 그 섬을 알려면 열 번은 다녀와야 한다고 한다. 그만큼 속내를 잘 드러내지 않는다. 제주 본섬보다 더 얼굴을 가리는 섬이다.

이 외딴 곳에 천주교도의 가슴 아픈 이야기가 흐른다. '황사영 백서사건'으로 순교한 황사영의 아들 이야기가 전해지고 있다.

황사영의 부인인 정난주(다산 정약용의 형인 정약현의 딸)가 제주로 유배

황경한의 묘

장작평사

를 오면서 갓난 아들 황경한을 데리고 온다. 그러나 정난주는 제주까지 황경한을 데리고 갔다가는 생명을 부지하지 못할 것 같아 추자도의 '몰생이끝'이라는 곳에 내려두고 떠난다. 이후 황경한은 예초리 사람인 오씨의 손에서 키워졌다. 추자도의 황씨 입도조가 된 황경한은 어머니를 생각하며 제주 바다를 굽어보고, 그 한을 풀지 못하고 추자도에 묻힌다. 그가 묻힌 곳은 하추자의 동쪽 끝으로 '황경한의 묘'라는 이름으로 남아 있다. 추자도 사람들은 그래서인지 황씨와 오씨는 결혼을 하지 않는단다.

다른 섬 추자도. 낚시객의 천국, 추자10경이라는 볼거리. 여기서 나오는 소라와 삼치는 일본인들이 탐을 낸다지.

추자에 머무는 이들은 걱정 아닌 걱정을 한다. '들어오면 나갈 수 있을까' 하면서 시도 때도 없이 부는 바람에 추자도에 발이 묶이기 일쑤여서다.

그나마 다행이라면 아직까지는 개발 바람이 불지 않는다는 점이다. 그러나 불안한 건 떠나는 사람들이다. 갇혀 있지만 마음만 먹으면 언제나 섬을 벗어날 길이 있기 때문이다. 제주 본섬과 다른 참 좋은 섬인데, 사람을 붙잡을 묘안은 없을까.

하고 싶은 애기들

조용한 섬 제주는
조용하지 않습니다
조용해 보일 뿐이지요
아픈 기억도 많습니다
4·3이라는 아픔은 여전히 유효합니다
요즘은 더 조용하지 않습니다
많은 이들이 몰려옵니다
이런저런 하고 싶은 말들을
꺼내봅니다

역사란 이름으로 말하리

아파온 지 70년
가슴과 머리엔 여전히 생채기

제
주
4
·
3

잃어버렸고, 잊혀야만 했던 역사 '4·3'이 우리 곁에 돌아온 지 오래지 않다. 역사는 언젠가는 정체를 드러낸다지만 4·3 은 수많은 세월을 묻혀 있어야만 했다. 〈화산도〉의 저자 김 석범은 4·3을 '기억의 자살'로 부르기도 했다. 왜냐하면 해 방 직후인 1948년에 4·3은 있었지만 없었던 것으로 죽어지내야 했고, 눈 앞에서 펼쳐진 학살의 현장에 섰던 제주사람들도 자신에게 닥칠지도 모 를 또 다른 4·3의 공포에 떨며 감히 말을 하지 못했다.

그러나 역사적 사실인 4·3은 그렇게 쉽게 잊혀질 수 있는 것이 아니 었다. 이제 4·3은 '기억의 자살'로부터 살아나 우리 곁에 당당히 살아 숨쉬고 있다.

팔순을 넘긴 한 노인은 10대 소년 시절 4·3을 보냈다. 처절한 기억이 었고, 울분이었다. 자신의 할아버지와 할머니가 죽고, 아버지에다 큰 형·샛형(작은형)·큰형수·샛형수도 비운을 달리했다.

고향에서 가장 똑똑했던 큰형은 어느날 산군山軍이 돼 돌아왔다. 그 후 불어닥친 광풍은 모든 걸 앗아갔다. 1948년 5·10선거, 토벌대의 무차별 학살, 대대적 예비검속의 기억들은 아직도 노인을 10대로 되돌리곤 한 다. 예비검속 때 "학교 마당에 가 있어."라는 말을 듣지 않고 어스름이 깔

4·3평화공원

각명비

릴 때까지 숨어 있었기에 지금껏 삶을 보존한다니 뭐라고 표현하는 게 좋을까.

주검이 된 아버지를 찾아 10대 소년은 하루 온종일을 헤매기도 했다. 정월께 토벌대의 습격으로 숨진 아버지를 찾아 나선 건 봄이 되어서다. 수많은 주검들, 살을 먹고 자란 잡풀을 헤치고 찾아낸 아버지는 죽기 전 입고 있던 옷으로만 말을 할 뿐이었다.

뼈만 앙상하게 남은 아버지의 주검 앞에 절을 올리는 심정은 어땠을까. 10대 소년은 그 자리에서 하염없이 울음을 터뜨리기만 했다. 그렇게 살아난 10대 소년이 지금의 우리 아버지면서 할아버지다. 아니 지금도 살아계신 글쓴이의 아버지다.

그러나 4·3은 살아남은 우리 아버지들에게 새로운 올가미를 씌웠다. '제주도 사람은 털면 먼지 나지 않는 사람 없다'는 식으로 철저히 소외 돼 왔다. 연좌제라는 이름으로 말이다. 정부에서는 "연좌제는 사라졌다"고 하지만 그렇지 않았다.

제대로 죽지 못한 원혼은 아직도 어딘가를 떠돌고 있다. 행방불명된 이들은 생일날 제사상을 받거나, 죽으러 나간 날을 기일로 잡기도 한다.

4·3평화기념관 내부

그래서 어떤 마을의 제삿날은 모두 한날한시가 제삿날이다. 대체 4·3은 무엇이던가. 4·3을 느껴본 자가 아니면 모른다.

요즘은 더 아프다. 사라진 것으로 생각했던 색깔에 다시 색을 입히려 들기 때문이다. 80대 할아버지가 된 10대 소년은 '색깔' 에 대해 고개를 젓는다. "내가 색깔을 어떻게 알았겠느냐" 며, 제발 그렇게 보지 말라며, 언제까지 제주도민들은 그렇게 살아야 하냐고.

원주민이 되려면 그 땅을 먼저 알아야

제주에 오면 누구나 원주민
세월이 흐르면 누구나 제주사람

1950년대 후반 길가의 아낙네들
ⓒ평단 김홍인 선생 사진, 제주시

이
주
민

살다 보면 어디론가 옮겨서 살게 마련이다. 최근 제주에서 가장 뜨겁고 관심이 많은 단어를 고르라면 '이주민'이 아닐까 싶다. 그런데 글쓴이도 알고 보면 이주민이다. '원래_{原來}' 제주사람이 아니라는 말이다.

'원래'는 사전적으로 '본디'라는 의미이다. 본디부터 그 땅에서 태어나서 그 땅을 지키며 사는 사람은 흔치 않다. 아니 '없다'는 게 정확한 답이다. 자신은 그 땅을 줄곧 지켰다 하더라도 그 자손들은 어떻게 될지, 어떤 선택을 해서 다른 곳에 이동해서 살지는 전혀 모르는 일이다.

인간이 그렇다. 한곳에 머무는 종족은 없다. 이동을 한다. 먹을 것을 찾기 위해, 영역을 넓히기 위해 여러 가지 이유들이 있다. 그래서 영원한 원주민과 영원한 종족은 없다고 말하고 싶다.

이주민을 말하려면 종족의 얘기와 유배 얘기를 해야 풀릴 듯하다. 글쓴이는 '김해김씨 좌정승공파'이다. 제주에서 만나는 김해김씨 가운데 좌정승공파가 무척 많다. 제주의 가장 많은 성씨 가운데 한 사람인 셈이다. 좌정승공파는 가락국 태조 수로왕의 51세손인 김만희 어른으로부터 시작된다. 제주에 유배를 온 분이었다.

유배를 본격적으로 말하기 전에 계보의 사실성에 대한 이야기를 먼저 해야 할 것 같다. 계보학이라는 게 있다. 한 집안의 계보를 나열한 걸 말하는 계보학은 세계에서 우리나라가 가장 선두적인 지위를 확보하고 있다. 각 집안에 족보가 없는 집안이 없을 정도이다. 우리나라 족보는 성종 7년(1476)에 만들어졌다고 하는 안동권씨 '성화보'가 처음이라고 한다. 17세기 이후 각 집안에서 앞다퉈 족보를 만들었다.

족보는 얼마나 믿을 만한가. 이 글을 읽는 사람 가운데 족보를 믿는 사람들은 있을까. 우문을 꺼낸 이유는 계보학이라는 게 '불가지', 즉 알 수 없는 영역이라는 사실 때문이다.

한 세대를 대략 30년으로 잡곤 한다. 본격적인 족보가 만들어진 시기가 17세기, 즉 1600년대이니 지금으로부터 400년 전이다. 이때 만들어진 족보는 조상을 거슬러 올라가서 만나는데 최고로 올라가더라도 기원년이 시작이다. 세대를 기준으로 하면 고작 60세대에 지나지 않는다.

현대 사피엔스가 세상에 등장한 시기를 지금으로부터 15만 년 전으로 잡는다. 그걸 기준으로 한다면 제대로 된 우리 조상의 세대는 5,000세대여야 맞다. 그러나 계보학적으로는 길어야 60세대이니, 모든 조상의 99%는 알 수 없다는 답이 나오는 셈이다.

이주 이야기를 해야 하는데, 웬 인류이며 족보 이야기를 꺼내느냐고 불만을 품는 이들도 있겠으나 이주 이야기를 하려면 이 정도는 알고 있어야 한다.

1970년대 TV에서 〈뿌리〉라는 드라마를 방영한 적이 있다. 알렉스 해일리의 베스트셀러였던 〈뿌리〉를 드라마로 만든 것이었다. 글쓴이는 그 드라마를 열심히 봤다. '쿤타킨테'라면서 태어난 아기를 들어올리는 장면은 지금도 눈에 선하다. 해일리는 역사를 거슬러 올라가며 1767년에 다다른다. 당시 영국인 노예상에 잡혀간, 해일리의 조상인 아프리카인은 200명이 훨씬 넘었다. 해일리가 정말 자신의 조상을 찾았는지는 모르지만, 아프리카 감비아의 한 마을인 것만은 확실하다. 하지만 해일리는 감비아의 한 마을을 찾았을 때 그들보다 '검지 못한' 자신을 발견한다. 아득한 예전의 시간은 미래의 한 지점이 되는 시간과는 전혀 다르다는 걸 해일리는 비로소 느꼈다.

세상에서 가장 오래 살아남았다는 종족으로 우리 한민족도 있지만 유태인도 자신들이 가장 오래 살아남았다고 주장한다. 우리는 5,000년을 주장하는데, 유태인은 우리보다는 좀 적은 4,000년을 주장한다. 4,000년, 5,000년, 그게 가능할까? 답은 '불가능'이다. 종족끼리만 결혼을 하는 '족내혼'이 아닌 이상 불가능하다. 만일 족내혼만 했다면 인류는 멸종하고 말았다. 계보학은 사실 중대한 결함을 지니고 있다. 한 직계조상, 여기 서는 흔히 남자만을 위주로 하고 있다. 남자 1인으로부터 내려오는 계보 는 여타 수백 명의 다른 직계조상을 무시하면서 성립·완성시킨 것이기 에 그렇다.

김해김씨 좌정승공파인 글쓴이의 선조는 조선이 탄생하면서 '한 땅에 두 임금을 모실 수 없다'는 '불사이군'을 외쳤다는 이유로 제주 땅에 내 려오게 된다.

제주라는 땅은 애초엔 유배의 땅이 아니었다. 제주를 유배의 땅으로 여긴 이들은 조선보다 앞선 고려 때 원나라 사람들이었다. 그러다 원나 라가 망하고 명나라가 들어서면서 원나라 왕족들을 유배 보낸 곳이 또한 제주도였다.

제주도가 본격적으로 유배의 땅이 된 건 조선 건국 이후였다. 비록 유 배의 땅이 되기는 했으나, 이는 제주도가 완전한 조선의 땅으로서의 가 치를 입증받았다는 걸 역설적으로 의미한다.

조선시대 사료만을 기준으로 삼았을 경우 유배인은 245개 지역에 700 명 정도라고 한다. 이들 가운데 제주목·대정현·정의현·추자도 등 제주도의 4개 지역에 261명이 유배가 됐다. 이는 사료로만 기준으로 한 것이기에 실제 유배를 온 이들은 더 많았을 것으로 추정된다. 유배는 '유형'이라는 형벌을 받은 이가 어느 지역에 배치됐다는 설명으로 이해하면 된다.

유배인은 제주사람들과의 관계가 매우 깊다. 이들 가운데 상당수는 '입도조入道祖'가 된다. 입도조란 제주에 정착을 한다는 뜻이다. 정착한 사례는 여러 경우가 있다. 유배를 와서 눌러앉은 경우, 자식만 낳고 가는 경우 등이다. 솔직하게 말하면 유배를 온 이들 가운데 유배인 자신은 복귀를 한 경우가 대부분이다.

현지인과 결혼을 해서 후손이 입도조가 된 경우를 보자. '헌마공신'으로 알려진 김만일의 딸의 경우가 그렇다. 광해군 10년(1618)에 유배를 온 이익은 김만일의 딸과 결혼을 해서 아들 인제를 낳았다. 이익은 1623년 인조반정으로 정권이 바뀐 뒤에 복직을 하지만 부인과 아들은 그대로 제주에 놔두었다.

기묘사화에 연루됐던 이세번이라는 인물이 있다. 이세번은 유배 중 사망을 하고, 아들 이충현이 제주에 내려와 장례를 치른 후 제주에 눌러앉았다.

이런 사례 외에도 그냥 '씨만 뿌리고' 간 경우는 더 허다하다. 이래저래 제주도는 유배의 땅이다. 그러나 당시 제주에 유배를 왔던 이들은 제주도를 그다지 좋아하지는 않았다. 제주도라는 땅 자체를 싫어했다. 이와 관련해 김정의 〈제주풍토록〉 이야기의 일부를 읽어보자.

"사람들은 의복과 음식을 조절하기 어렵기 때문에 병이 생기기 쉽다. 더욱이 구름과 안개가 항상 어둡게 끼어, 개인 날이 적고 예측할 수 없는 바람과 비가 시도 때도 없이 일어나니 음습하고 답답하다. 또한 땅에는 벌레가 많다. 지네, 개미, 지렁이 등 여러 꿈틀거리는 것들이 모두 겨울이 지나도록 죽지 않아 견디기 무척 어렵다. 생각해 보니 북쪽은 추워서 이런 피해가 적을 것이다."

- 김정의 〈제주풍토록〉 중

유배를 온 이들은 이처럼 제주에 대해 부정적이었다. 다들 그렇지는 않지만 대개는 제주에 온 자체를 싫어한 이들이다. 그런 그들이 남겨둔 건 역사에서 말하는 사료의 일부와 씨를 흩트려 남겨둔 후손들이다. 제주의 본토 3성보다 다른 성씨가 많은 건 이런 이유이기도 하다.

하지만 이젠 유형이라는 형벌은 없다. 제주에 마지막으로 유배를 온 인물은 대한제국 당시의 박영효였다. 이후 일제강점기가 찾아오고, 유배는 과거 시대의 산물로 흘러가게 된다.

요즘은 '유형'이라는 형벌은 분명 사라졌지만 '자발적 유배'가 많다. 우린 그들을 '이주민'이라고 많이 부른다. 제주도 전체 인구가 60만 명을 넘어섰다. 인구 증가를 불러일으킨 주역들을 대라고 하면 이들 이주민을 빼놓아서는 안 되겠다.

최근 이주민은 유배인과 달리 제주도가 좋아서 온 이들이다. 조선조 유배를 왔던 이들은 씨만 뿌려놓고, 자신은 고향으로 되돌아갔으나 21세기에 이르러 제주를 찾는 이들은 조선시대 유배를 온 사대부들과 달리 '제주의 시도 때도 없는 변덕스러운 좋지 않은 날씨'를 오히려 더 좋다고들 한다.

글쓴이는 직업이 기자여서 그런 이들을 많이 만났다. 직업 때문에 내려와서 정착을 하기도 하고, 나이가 들어 '귀농'의 선택지로, 혹은 아이들의 교육 문제로 제주를 택한 이들을 만났다. 여러 다른 이유로 제주를 선택한 이들이다. 그 속엔 외국인도 끼여 있다.

서귀포시 신풍리에 사는 강성분 씨는 10년 전 제주에 내려왔다. 그는 이런 말을 했다. "제주에 내려왔다가 이곳에 살아야겠다고 생각했고, 대정읍 구억리에 집을 얻어 주말만 내려왔는데 서울만 올라가면 짜증이 났어요. 완전 정착을 한 건 그 때문이죠." 그는 산에는 눈이 있고, 땅에는 야자수가 흔치 않은 곳을 택했다. 그리곤 그는 풍천초등학교 살리기에 힘을 보태기도 했다. 아들의 미래를 보고 작은 학교를 택한 그였다. 그래서일까. 요즘 제주도 읍면 지역의 작은학교를 찾는 육지사람들이 부쩍 늘었다. 읍면 지역 학교는 들어가기가 무척 힘들어서, 그야말로 줄을 서서 기다리는 형국이라니 격세지감일 수밖에 없다.

귀농을 한 60대 퇴직자를 만난 기억도 있다. 남원읍 태흥리에 사는 박종순 씨라는 분이다. 그가 메일로 자신이 저술한 책에 대한 자료를 메일로 보내왔다. 우연이란 말밖에는 할 말이 없다. 기자의 감각이 살아났다. '귀농을 한 인물이 제주에서 살아온 시간을 책으로 냈다'는 것 자체에 끌렸다. 그는 귀농한 후배를 위해 글을 쓰고 있다고 말했고, 덕분에 지금은 〈미디어제주〉 필진이 돼 있다. 박종순 씨가 강조하는 건 행복이다. 행복해지려고 제주에 왔다는 박종순 씨는 '돌코롱'이라는 감귤 브랜드를 만들어 좋은 반응을 얻고 있다.

제주 시내에서 '혼참치'라는 참치전문점을 운영하는 분이 있다. 곽성일 씨다. 이제 마흔의 꽃중년이다. 그는 정착을 염두에 두고 제주를 찾은 이는 아니었다. 일 때문에 제주를 오가다가 제주에 눌러앉은 경우이다.

그는 1990년대 제주에 정착했고, 당시엔 제주도는 젊은이들의 안착지가 아닌 때였다. 곽성일 씨는 제주도 여성과 결혼을 해서 제주사람이 됐다. 그런 점에서 김만일의 딸과 그 사이에서 태어난 아들을 남겨두고 떠난 이익과는 좀 다르지 않은가.

제주에 정말 푹 빠져 지내는 사람이 있다. 이겸이라는 작가이다. 사진도 찍고 글도 쓴다. 그는 제주사람들이 제주의 속살을 알아야 한다고 강조하면서 다닌다. 우리가 곁에 있는 것의 중요성을 모르고 지나치는 걸 경계하라는 뜻이다. 그는 제주사람만을 위한 '제주도여행학교'를 운영하고 있다. 제주도여행학교는 '자신이 살고 있는 고향 제주도를 들여다보라'고 말하고 있다. 정말 제주에 사는 이들은 자신이 밟고 지내는 땅을 제대로 이해하고 있는지를 말이다.

이들 외에도 숱한 이들이 글쓴이의 수첩에, 머릿속에 들어 있다. 여행업을 하는 이, 변호사가 된 이, 교수, 의사, 큐레이터, 그뿐만 아니다. 중국인도 글쓴이가 만난 범주에 포함돼 있다.

그분들을 만날 때마다 "제주사람들이 배타적이라고 느끼느냐?"고 묻곤 한다. 답은 '아니다'이다. 그들이 정말 제주사람들을 배타적이라고 느끼는지, 그렇지 않은지는 사실 잘 모른다. 지역에서 활동하는 기자가

물은 질문이기에 아니라고 대답한 것일 수도 있을 테니까. 그래도 분명한 사실은 글쓴이가 만난 이들은 제주가 좋아서 왔다는 점이다. 조선시대 유배인들처럼 강제적으로 제주 땅에 배속돼 위리안치되지 않아서 그럴 수도 있겠다.

글쓴이가 '자발적 유배'라는 말을 쓰긴 했는데, 그걸 제대로 풀어보고 싶다. '유형'이라는 형벌을 받아서 유배되는 건 지리적 개념에서 출발한다. 중앙에서 멀리 보내는 것이 유형이었다. 하지만 21세기, 지금 시점에서 제주를 찾는 이들에겐 예전의 유배방식으로 유배를 풀면 안 된다. 그래서 '유배'를 현대에 맞게 만들어보자. 순전히 글쓴이의 생각이지만.

'유배'에 쓰이는 '흐를 류流'는 10여 가지 이상의 뜻을 지닌 한자이다. 그 글자엔 아주 멀리 보내는 형벌로서의 뜻 이외에, '혈통'이라는 뜻이 숨어 있다. '자발적 유배'라는 게 바로 그것이다. 이주 온 이들은 새로운 혈통을 만드는 이들이라는 사실이다. 제주 땅에 새로운 혈통의 주인이 될 이들이 되겠다는 것 아니고 무엇인가.

쓰다 보니 고리타분한 역사 이야기가 주를 이루기는 했으나, 유배는 새로운 혈통을 이어가는 일임에는 분명하다. 조선시대는 자발적인 혈통이라기보다는 사대부의 위세를 안고 새로운 혈통이 만들어졌으나, 지금의 유배는 스스로가 입도조로 자리하겠다는 긍정적인 마인드를 먼저 안고 출발하고 있다.

영원한 종족은 없다. 종족은 만들어가는 것이다. 그러나 분명히 해야 할 것이 있다. 이건 이주민들이 알아야 한다. 먼저 이 땅에 정착한 이들에 대한 생각이 있어야 한다. 특히 제주 땅은 숱한 아픔을 안고 있는 곳이다. 글쓴이가 만난 대부분의 사람들은 제주사람들을 향해 '배타적' 이라는 얘기를 꺼내지 않았으나, 사회 전반적으로는 제주사람들을 향해 배타적이라고들 한다. '배타' 라는 말이 좋은 말은 아니다. 단어 자체에 누군가를 받아들이기 힘들다는 뜻이 포함됐고, 거부감이 느껴지는 단어라고 감히 말해본다.

지금 제주로 들어오는 이들의 숫자는 조선시대와는 사뭇 다르다. 조선시대는 갇혀 있던 제주에 일부의 지식인들만 오던 때였다. 지금은 그와는 달리 다양한 이들이 열린 사고를 가지고 제주도로 온다. 지식의 유입이면서, 새로운 사조의 유입인 셈이다.

하지만 새로운 사조의 유입은 조심성을 담보로 해야 한다. 자신들이 가지고 온 것을 무작정 이입시키려 하면 되질 않는다는 걸 알아야 한다.

우선 제주에 살고 있는 이들의 생각이 무엇인지를 알고 난 뒤에, 그 바탕 위에 새로운 사고를 입혀야 한다. 그래야 충돌 없이 하나의 문화가 완성될 수 있다.

글쓴이 역시 원래 제주사람이 아니라고 했다. 하지만 지금은 제주사람이 돼 있다. 이주민도 언젠가는 원주민이 되기 마련이다. 문화는 융화되고, 그를 바탕으로 융성의 길로 나간다. 그러기에 문화는 기존의 문화를 존중할 줄 알아야 한다. 최근 이주민과 원주민들간의 충돌에 대한 이야기가 심심치 않게 들려온다. 그렇다고 그걸 기자의 본색인 양 삼아서 취재거리로 삼고 싶지는 않다. 그게 가치 있는 일은 아니다. 보다 더 가치 있는 기사는 문화의 충돌이 아니라, 문화의 융화를 통한 융성이라고 보기 때문이다.

제주를 찾는 이들은 계속 늘어난다. 반대로 제주를 찾았다가 다시 고향으로 유턴하는 이들도 많아질 것이다. 고향으로 유턴하는 이들은 돌아가서 제주의 배타성을 말할 것이다. 적응하기 힘든 곳이라고 말을 하겠지.

모든 이들이 만족하는 일이란 없다. 더더욱 서로 다른 문화끼리의 융화는 오랜 시일이 필요하다. 일방적인 지배가 아닌 이상, 서로 다른 문화의 융화는 좀더 시간이 필요할 수밖에 없다는 말이다.

언젠가는 이주민도 원주민이 된다. 그러기에 제주에 오고자 하는 이들은 제주를 먼저 알고 와야 한다. 제주에 먼저 온 이들도 마찬가지이다. 어설프게 제주를 알고, '제주도가 이렇다' 고 말을 해서는 곤란하다. 이주민들은 제주에 대한 공부에 열중하고, 나름대로 역작을 내놓기도 한다. 그러다 간혹 왜곡도 저지른다. 그런 왜곡을 볼 때 원주민들은 화가 난다. 그러니 충돌이 일어나게 된다. 제주에 이주를 꿈꾸시는 분, 이미 이주를 해오신 분들의 제주사랑이 넘치는 것은 좋지만, 원주민의 속마음을 우선 이해하려 했으면 좋겠다. 그래야 자연스럽게 이주민에서 원주민으로 성공적인 탈바꿈을 하게 된다.

제주도가 아닌 곳

낭만이야 좋은데
제주도 닮지 않은 걸
제주도라고 할 수 없는 노릇

월
정
리

제주도는 제주도다워야 한다. 그건 다른 말로 제주에서만 볼 수 있는 풍광이거나 풍치여야 한다는 것이다. 그럼 제주도다운 건 뭘까. 그건 굳이 말로 하지 않더라도 알게 된다. 제주도를 방문하는 이들은 제주도에 발을 딛는 순간 제주도와 다른 지역의 차이를 알게 된다.

제주도는 늘 '개발 중' 이다. 해안을 가도, 중산간을 가도, 심지어는 한라산 중턱에도 공사용 차량들이 오간다. 즐거워할 일이 아니냐고 묻는 이에겐 솔직히 해줄 말이 없다. 왜냐하면 그건 제주도다운 행위가 아니기 때문이다.

제주도답지 않은 일은 곳곳에서 일어난다. 특히 제주시 구좌읍 월정리의 풍광은 '이건 아니다' 는 느낌이다. 혹자들은 어찌 생각할지 모르겠으나 월정리는 10년 후 완전 개발될 제주도의 예고편에 다름 아니다.

월정리는 카페촌이다. 그다지 취급 받지 못했던 이곳이 카페를 하려는 이들로 북적대고, 덩달아 부동산도 흔들린다. 여기 사람들에겐 상상도 하지 못할 가격이 매겨진다. 들리는 얘기로는 평당 1,000만원을 넘는다고 하니, 제주사람들에겐 그야말로 '헉' 할 일이다.

월정리는 제주도답지 않다. 그건 글쓴이만의 느낌일까. 중학생인 큰딸에게 물었다.

"여기가 어디 같으니?"
되돌아온 답은 '그리스'였다.

큰딸은 해외라곤 나간 적이 없다. 물론 그리스는 더더욱 모른다. 그런 애가 아빠의 질문에 1초의 여유도 없이 그리스라고 할 정도면 월정리는 이미 제주도에서 멀리 떨어졌다는 뜻이다.

개발은 늘 있다. 도로를 만들거나 땅을 정리하는 일도, 건축물을 올리는 일도 개발이다. 우리는 지금 개발 현장을 보고 있다. 개발이 미치는 영향에 대해서는 어떤 생각들을 하는지 궁금하다. 서로 다른 견해들이 넘쳐난다. 그런데 월정리는 제주도 최대의 해안사구가 발달한 곳이었는지는 알고 있는지.

사구는 모래언덕이다. 광활한 모래언덕은 해안선과 모래언덕 너머의 농경지를 보호해 주는 역할을 한다. 월정리 모래언덕은 해안도로 건설 탓에 1차 파괴를 당한 데 이어, 계속 지어지는 건물 때문에 2차 파괴를 당하고 있다.

모래언덕은 자연스레 만들어진 극도의 자연현상이다. 그게 하루아침에 파괴됐으니, 그로 인한 피해는 고스란히 인간에게 되돌아온다. 월정리 현상을 너무 낭만적으로 바라볼 일만은 아니다.

로마 '센트리코'는 제주에선 안 되나

돈 들인다고 살아나는 건 아니다
추억의 공간을 기억나게 만들고
자연스레 재생하도록 놔둬야 한다

도시는 변한다. 마치 생물처럼. 흥했다 망했다를 반복한다. 때문에 도심의 원핵은 이동을 한다. 원핵이 다른 곳으로 이동을 하면 처음 도심의 핵심을 이루던 곳은 축소되기 마련이다. 그야말로 생물의 진화과정을 보는 것 같지 않은가.

그런 일련의 과정으로 남는 '과거의 원핵'을 우리는 '원도심'이라고 한다. 원도심은 도심지 어디를 가나 꼭 있다. 원도심은 쉽게 말하면 과거엔 소위 잘나가는 이들이 살던 곳이다. 원도심엔 모든 관공서가 자리를 틀고 있었고, 덩달아 대부분의 문화시설도 원도심을 중심으로 형성되기 마련이다.

하지만 도심은 팽창한다. 인구 증가로, 욕구 해결의 창구로 새로운 도심이 하나둘 만들어진다. 바야흐로 신도심의 탄생이다. 새로운 도심이 들어서고 나서 원도심에 있던 주요 건물들의 이동이 시작된다. 거부감 없이 이동을 받아들였다. 사람들도 함께 이동해 갔다.

문제가 불거지는 건 수십 년이 지난 뒤다. 원도심은 마치 여느 읍면의 얼굴을 보듯 변했다. 젊은층이 없고, 찾는 이도 없어지는 형국이다.

그래서 내거는 게 도시재생이다. 최근엔 '도시재생 활성화 및 지원에 관한 특별법'이 만들어졌다. 이 법은 도시의 경제 · 사회 · 문화 활력을 위해 지원을 하도록 하는 법이다. 궁극적 목적인 도시의 자생적인 성장과 경쟁력 제고, 지역 공동체 회복에 초점을 두고 있다.

법만 놓고 보면 예전 개발 일변도의 도시재생과는 사뭇 달라졌음을 알게 된다. 예전 도시재생은 재건축과 재개발이 화두였다. 1980년대까지만 하더라도 '도시재생'이라는 단어는 없고 '개발' 위주의 정책만 떠들었다.

'개발'이 압도적인 위치를 점한 이유는 압축적인 도시개발 정책 때문이었다. 바로 신도시 위주의 정책이었고, 그러다 보니 옛 시가지는 살던 이들이 떠나면서 문화·교육·복지 등 여러 기능이 한꺼번에 약화됐다.

그러다가 1990년대 이후 도시재생이라는 단어가 본격 등장한다. 이때의 도시재생은 '부활'의 의미에 가까운 '리제너레이션 regeneration'이다. 하지만 여기엔 주민참여 등이 빠져 있다.

그래서 최근에 나타나고 있는 도시재생은 단순한 부활이 아니라 '거주'의 개념을 강화시킨 '리헤비테이션 rehabitation'이 힘을 얻고 있다. 원도심에 재활력을 일으키는 개념으로의 전환이다.

바로 '리헤비테이션'은 도시재생특별법이 목적하고 있는 것과 연관성이 있다. 도시재생특별법의 목적을 다시 들여다보자. 특별법은 도시의 자생적인 성장과 경쟁력 제고, 지역 공동체 회복을 목적으로 한다고 했다.

그러려면 어떤 게 필요할까. 당연한 얘기겠지만 거기에 있는 이들이 살아가는 데 불편하지 않도록 하는 것이 우선이어야 한다.

도시재생은 제주에서만 관심을 기울이는 건 아니다. 전국에서 동시다발적으로 진행되고 있다. 왜 도시재생이 필요한지는 두말할 필요는 없다. 단순하게 공동화의 길을 걷고 있는 도심을 활성화하겠다는 건 아니다. 도심과 도심의 균형발전이 화두인 것이다. 그건 신도심 위주의 정책에 대한 반성이기도 하다.

제주도의 상황은 어떤가. 제주시 원도심은 근현대 제주역사의 중심지였으나, 이젠 신도심에 자리를 내준 지 오래됐다. 연동·노형이 팽창된 데 이어, 이도지구·아라지구로 도심이 확산되면서 원도심 활성화가 힘을 얻는 건 사실이다.

제주시 원도심도 개발 중이다. 그러나 도시재생의 의미를 아직 깨닫지 못하고 있다. 있는 것의 파괴가 이어지고 있다. 보존의 필요성을 수없이 강조한 건축물이 하나둘 무너져내렸다. 행정은 '보존해야 한다'는 이유조차 몰랐다. 제주시 원도심에 새로운 걸 만들겠다며 '탐라문화광장' 조성을 진행중이다. 그러면서 옛것의 보존보다는 파괴의 손길을 뻗고 있다. 보존가치가 있는 건축물은 파괴되고, 그 파괴의 현장을 지켜보던

이들이 "지켜야한다"는 의견을 내놓기 시작했다. 다행히도 파괴는 멈췄다. 최근에야 고씨 주택과 옛 목욕탕 굴뚝을 남기겠다는 '발상의 전환'이 있었지만, 좀더 그런 생각을 빨리 하지 못한 게 아쉽다. 도심을 개발할 때 '지켜야 한다.'는 사고를 가지고 했더라면, 기억을 파괴하지 않고 개발이 가능했기 때문이다.

개발행위는 기억의 파괴를 부르는 일이다. 원도심에서 기억은 무척 중요하다. 기억은 동시대를 살았던 사람들의 가슴에, 머리에 차 있는 생각들이다. 원도심이 화두로 떠오른 건 그런 기억의 저장고이기 때문이다. 사람들은 내가 뭔가를 했던 일이나 장소에 대한 애착을 갖는다. 그건 추억이다. 자신이 가진 추억을 되새기려고 원도심을 찾는다면 그게 바로 기억의 공간으로서 역할을 한다.

기억은 사라지지만 기억을 보존하는 방법으로는 기억이 지닌 것들을 '있게 놔두는' 것일 수도 있다.

제주에서 가장 오래된 극장이 있다. 제주극장으로 쓰이다가 현대극장으로도 쓰인 건축물이다. 행정은 다행히 그 건축물을 매입해서 원도심 활성화를 위한 기폭제로 쓰겠다지만 과연 그런 의사가 있는지는 불분명하다. 다른 지역은 어떨까?

이탈리아 로마는 역사중심지구인 '센트리코' 가 있다. 여기에선 건물을 뜯거나 고치는 행위가 쉽게 하지 못하도록 되어 있다. 제주시 원도심도 그런 곳이었다면 더 멋지게 도시재생이 가능할 일을, 지금 그리 하지 못하는 게 아쉬울 뿐이다.

그런데 요즘 보면 너나 할 것 없이 원도심에 매달리고 있다. 행정부는 수백억 원을 뿌려 원도심을 재생하겠다고 하고, 그에 편승해 이 단체 저 단체에서 원도심을 기치로 내건 행사들을 한다. 과연 누구를 위한 것일까.

수백억 원을 뿌리면 달라질까. 수백억 원을 뿌려서 재생 - 이때쯤 되면 '재생' 보다는 '개발' 의 의미에 가깝다 - 한다면 뭐가 달라질까. 음, 달라질 건 있겠다. 그렇게 재생을 해서 사람들이 몰리면 돈 있는 사람이 위세를 떨칠 수밖에 없다. 원도심을 지키는 이들은 떠나고, 비록 세입자 신세임에도 원도심을 지키려 아이디어를 짜면서 궁리했던 이들은 쫓겨나고 만다. 이게 어찌 재생이 될 수 있나.

자연스레 물이 흘러가듯, 현재 원도심에 사는 이들이 자생적으로 삶의 과정을 만들게 그냥 놔두면 얼마나 좋을까. 그렇지 않아도 개발에 밀려 쇠퇴한 지역을 문화예술을 통해 되살려보자는 '자생' 의 움직임이 원도심에서 서서히 일어나고 있다. 그래요! 그냥 놔두세요.

옛 현대극장과 매표소

여행을 즐기는 이들은 길 위에 너부러진 정체성을 찾으려 무척이나 애를 쓴다.
제주여행을 다니는 이들도 그러지 않을까.
사실 여행은 그래야 한다.
여행을 제대로 즐기려면 그 지역의 정체성을 알려는 노력이 먼저여야 한다.

1. 산담 2. 밭담 3. 올레 4. 포구 5. 동자석 6. 환해장성 7. 돌하르방 8. 방사탑 9. 신흥리오
탑 10. 대평리 11. 질시습 12. 신지방코지 13. 썩은섬 14. 강정동 15. 용눈이오름 16. 조개
못 17. 솜반내 18. 논짓물 19. 조간대 20. 금산공원 21. 한라산 22. 곶자왈 23. 온평리 24.
물정방폭포 25. 이중섭문화의 26. 거리 추사유배지 27. 제주해녀 28. 갈옷 29. 자리 30.
제주초가 31. 신당 32. 석굴암 33. 테시폰 34. 옹기 35. 제주어 36. 추자도 37. 제주4·3 38.
이주민 39. 월정리 40. 원도심

재생종이로 만든 책

토박이가 알려주는 진짜 제주

제주는 그런 곳이 아니야

초 판 1쇄 발행 | 2016년 4월 15일
초 판 2쇄 발행 | 2016년 7월 1일

지은이 | 김형훈

펴낸이 | 김명숙
펴낸곳 | 나무발전소
교 정 | 정경임
디자인 | 이명재

등 록 | 2009년 5월 8일(제313-2009-98호)
주 소 | 서울시 마포구 합정동 358-3 서정빌딩 7층
이메일 | tpowerstation@hanmail.net
전 화 | 02)333-1962
팩 스 | 02)333-1961

ISBN 979-11-86536-38-4 13980

이 도서의 국립중앙도서관 출판시도서목록(CIP)은 서지정보유통지원시스템 홈페이지
(http://seoji.nl.go.kr)와 국가자료공동목록시스템(http://www.nl.go.kr/kolisnet)에서
이용하실 수 있습니다. (CIP제어번호 : CIP2016007149)